HANS E. LAUX
ANDREAS GMINDER

Essbare Pilze

& ihre giftigen Doppelgänger

KOSMOS

Inhalt

4 Finden, bestimmen, sammeln
7 Was tun bei Pilzvergiftung?
8 Fachausdrücke in Bild und Text
10 Schnell zum Ziel

Essbare Pilzarten
12 A Röhrlinge im Porträt
32 A Blätter- und Lamellenpilze im Porträt
150 A Nichtblätterpilze im Porträt

Ungenießbare und giftige Pilzarten
12 B Röhrlinge im Porträt
20 B Blätter- und Lamellenpilze im Porträt
162 B Nichtblätterpilze im Porträt

186 Register

Finden, bestimmen, sammeln

Was ein Pilzsammler von einem Ausflug in Wald und Flur für die Küche mit nach Hause bringt, hängt auch davon ab, wie viele essbare Pilze er kennt. Die meisten Leute kennen nur eine Handvoll Arten, sodass sich zur Hauptsammelzeit alles Interesse auf diese Pilze richtet. Unter den 10.000 Großpilzen Mitteleuropas gibt es jedoch noch weitere schmackhafte Speisepilze, die oft sogar häufig zu finden sind.
Aus Angst vor Verwechslungen mit Giftpilzen wagt sich mancher nicht daran, sie zu sammeln. In diesem Buch stellen wir deshalb über 100 Speisepilze vor, denen wir ihre giftigen oder ungenießbaren Doppelgänger gegenüberstellen. Auf Verwechslungsmöglichkeiten und typische Unterscheidungsmerkmale weisen wir direkt hin. Bevor Sie aber mit dem Sammeln loslegen, haben wir noch ein paar wichtige Tipps für Sie:

HEUTE WEISS MAN MEHR! Einige früher als essbar eingestufte Pilze gelten heute als giftig. Dieses Buch berücksichtigt den neuesten Kenntnisstand. Verwenden Sie keine veralteten Pilzbücher.

JE MEHR, DESTO BESSER? Bitte nehmen Sie von unbekannten Arten nur wenige Exemplare zur Pilzberatung mit, nicht ganze Körbe voll. Wenn Sie auch bekannte Speisepilze gefunden haben, vermischen Sie diese nicht mit den unbekannten Pilzen im Korb.

EINER IST KEINER? Schon ein einziger giftiger Pilz kann schwere gesundheitliche Probleme verursachen. Daher ist es wichtig, jeden einzelnen Pilz genau anzuschauen.

PROBIEREN GEHT NICHT ÜBER STUDIEREN! Lassen Sie selbst gesammelte Pilze von einem Pilzsachverständigen begutachten, wenn Sie sie nicht sicher bestimmen können. Adressen hierfür erhalten Sie auf www.dgfm-ev.de.

WOLLEN SIE MEHR? Dann erkundigen Sie sich bei Pilzvereinen, wo Vorträge, Pilzführungen und Pilzausstellungen in Ihrer Nähe angeboten werden.

Es ist eine große Freude, in einem guten Pilzjahr Wald und Wiesen zu durchstreifen und viele verschiedene Pilze zu finden. Wenn Sie sich immer wieder daran erfreuen möchten, können Sie dabei helfen, Sammelplätze zu schonen. Das bedeutet, kleine junge und seltene Pilze stehen zu lassen und unbekannte, ungenießbare oder giftige Arten nicht zu zerstören. Schließlich reicht eine Handvoll häufig vorkommender Wildpilze, um eine Mahlzeit zu verfeinern.

Hans E. Laux, Biberach

Pilze bestimmen

Zur sicheren Bestimmung von Pilzen ist es wichtig, alle in diesem Buch beschriebenen Merkmale der Reihenfolge nach genau zu überprüfen. Die Bestimmungstexte sind nach dem charakteristischen Erscheinungsbild des Pilzes gegliedert, in:

Hut (Fruchtkörper) Das auffälligste Merkmal eines Pilzes ist der Hut oder Fruchtkörper, seine Form (Seite 8), Größe, Farbe und Oberflächenbeschaffenheit. Bedenken Sie, dass der Hut eines jungen Pilzes ganz anders aussieht als der eines älteren. Bei manchen Pilzen verändern sich auch die Farbe und Oberfläche in Abhängigkeit von der Witterung, so dass ein trockener Pilzhut ganz anders aussehen kann als ein feuchter.

Röhren – Lamellen – Leisten Unter dem Hut sitzen, je nach Pilzgruppe, Röhren, Lamellen, Leisten oder Stacheln. Wichtig sind Farbe, Form (Seite 8) und Anheftung am Stiel (Seite 8).

Sporenpulver Oft ist die Farbe des Sporenpulvers ein wichtiges Unterscheidungsmerkmal. Zur Bestimmung einen Pilzhut mehrere Stunden mit der Unterseite auf weißes Papier legen.

Stiel Wichtig sind Länge, Breite, Farbe, Form (Seite 8), Vorhandensein eines Ringes oder einer Scheide (Seite 8). Zur genauen Bestimmung muss ein vollständig erhaltener Stiel vorhanden sein, daher den Pilz nicht abschneiden, sondern vorsichtig herausheben!

Fleisch Wichtig sind Farbe, Konsistenz, Geruch, Geschmack, Verfärbung bei Druck und im Schnitt sowie eventuell austretende Milch. Probieren Sie immer nur ein winziges Stück vom Hutfleisch und spucken Sie dieses auch gleich wieder aus, nicht hinunterschlucken! Wer wegen einer theoretisch möglichen Infektion (Tollwut, Fuchsbandwurm) Angst vor einer Geschmacksprobe hat, muss darauf verzichten.

Vorkommen Die meisten Arten sind auf ganz bestimmte Lebensräume spezialisiert, viele an bestimmte Bäume gebunden oder auf speziellen Böden siedelnd.

Wert Hier wird angegeben, ob es sich um einen sehr guten oder eher minderwertigen Speisepilz, einen ungenießbaren, schwach oder tödlich giftigen Pilz handelt und welche Auswirkungen er verursacht.

Verwechslungen Pilze können je nach Entwicklungsstadium und Witterung auf den ersten Blick mit einer ganzen Reihe anderer, oft giftiger Arten verwechselt werden, nicht nur von unerfahrenen Pilzsammlern. Es sind schon die tollsten Dinge vorgekommen! Beim Sammeln »neuer« Pilze ist es daher sinnvoll, sich nicht nur auf eigene Kenntnis oder Bücher zu verlassen, sondern eine Beratungsstelle oder einen erfahrenen Pilzsammler aufzusuchen. Sie erweitern Ihre Pilzkenntnisse am sichersten auf Exkursionen mit erfahrenen Pilzkennern (örtliche Pilzvereine, www.dgfm-ev.de) oder auf Pilzausstellungen.

Pilze sammeln – aber richtig

Pilze sammeln und daraus kulinarische Leckerbissen zuzubereiten, das macht sehr vielen Menschen Freude und treibt die Pilzsammler vom Frühjahr bis zum Herbst hinaus in Wald und Flur. Beim Pilzesammeln gilt es jedoch einiges zu beachten:

- Der wichtigste Grundsatz, wenn Sie Pilze zum Essen sammeln: Verwenden Sie immer nur Pilze, die Sie ganz sicher kennen.
- Alte Exemplare lässt man stehen – mit etwas Erfahrung erkennt man sie an deren Festigkeit und Aussehen. Sie können im Zustand der Zersetzung schwere Vergiftungen verursachen.
- Pilze, die auf Holz wachsen, können mit einem Messer abgeschnitten werden, auf dem Boden wachsende Arten werden vorsichtig herausgehoben, da die Stielbasis wichtige Merkmale zur Bestimmung trägt. Die Öffnung im Waldboden wieder bedecken, damit das Pilzgeflecht nicht austrocknet.
- Reinigen Sie die Pilze schon im Wald von anhaftenden Nadeln, Laub- und Humusresten. Schleim auf der Huthaut wird ebenfalls schon an Ort und Stelle entfernt, sonst klebt das Sammelgut im Korb zusammen.
- Plastiktüten sind als Sammelbehältnis ungeeignet, da in ihnen keine Luftzirkulation möglich ist und der Alterungsprozess der Pilze viel schneller abläuft. Außerdem wird das Sammelgut in diesen Behältnissen zusammengedrückt, und besonders die weichfleischigen Arten werden unansehnlich. Daher am besten ein luftdurchlässiges Körbchen verwenden.
- Legen Sie die gesammelten Pilze zu Hause kühl und luftig aus und bereiten Sie sie innerhalb von 24 Stunden zu.
- Es gibt nur wenige Pilze, die man im Winter sammeln kann. Sie müssen nach dem Auftauen noch fest sein.
- Pilze nehmen viel Wasser auf, deshalb sollten sie nur gewaschen werden, wenn das die weitere Zubereitung zulässt.
- Pilze, die man trocknen möchte, werden nur mit dem Messer und einer kleinen Bürste geputzt.

Auch die genauste Beschreibung in einem Pilzbuch kann nicht die Erfahrung ersetzen, die ein Pilzsammler im Lauf seiner Sammlerzeit über viele Jahre hinweg erwirbt. Lassen Sie deshalb selbst gesammelte Pilze bei ungenügender eigener Erfahrung und beim kleinsten Zweifel durch einen Pilzfachmann vorsichtshalber untersuchen und nachbestimmen. Pilze, die nicht absolut sicher bestimmt wurden, dürfen nicht verzehrt werden!
Der Hinweis auf nicht vorhandene giftige Doppelgänger darf auf keinen Fall zu oberflächlicher Bestimmung und leichtfertigem Verzehr gesammelter Speisepilze führen.
Lassen Sie im Urlaub in fremden Ländern größte Vorsicht walten, oft wachsen dort Arten, die unseren heimischen Pilzen sehr ähnlich, aber giftig sind.

Was tun bei Pilzvergiftung?

Jede Pilzvergiftung ist ein Wettlauf mit der Zeit! Als Faustregel gilt: Je mehr Zeit zwischen Verzehr und dem Auftreten erster Symptome vergeht, desto schwerer die Vergiftung. Schwerere Vergiftungen haben also tendenziell eine längere Latenzzeit.

- Bei Verdacht auf eine Pilzvergiftung muss sofort ein Arzt zu Hilfe gerufen werden.
- Die Pilzabfälle müssen so schnell wie möglich überprüft und die Art der verzehrten Giftpilze ermittelt werden.
- Erbrochenes ist zur Untersuchung aufzubewahren.
- Bei Verdacht auf eine Vergiftung mit tödlich giftigen Arten ist die Krankenhauseinweisung aller am Essen beteiligten Personen zu veranlassen.
- Erkrankte Personen sind zu beruhigen, jede Aufregung ist zu vermeiden.

Wichtig: Keine Arzneimittel und keine Milch oder andere Flüssigkeiten ohne ärztliche Anweisung geben!

GIFTNOTRUFZENTRALEN

Deutschland

Berlin Landesberatungsstelle für Vergiftungserscheinungen
Tel. (0 30) 1 92 40

Bonn Informationszentrale gegen Vergiftungen
Tel. (02 28) 1 92 40

Erfurt Gemeinsames Giftinformationszentrum der Länder Mecklenburg-Vorpommern, Sachsen, Sachsen-Anhalt und Thüringen
Tel. (0 36) 73 07 30

Freiburg Informationszentrum für Vergiftungen
Tel. (07 61) 1 92 40

Göttingen Giftinformationszentrum Nord: GIZ-Nord der Länder Niedersachsen, Bremen, Hamburg, Schleswig-Holstein
Tel. (05 51) 1 92 40

Mainz Beratungsstelle bei Vergiftungen
Tel. (0 61 31) 1 92 40

München Giftnotruf
Tel. (0 89) 1 92 40

Österreich

Wien Vergiftungsinformationszentrale
Tel. (01) 4 06 43 43

Schweiz

Zürich Tox-Zentrum
Tel. (0 44) 2 51 51 51

Fachausdrücke in Bild und Text

HUT

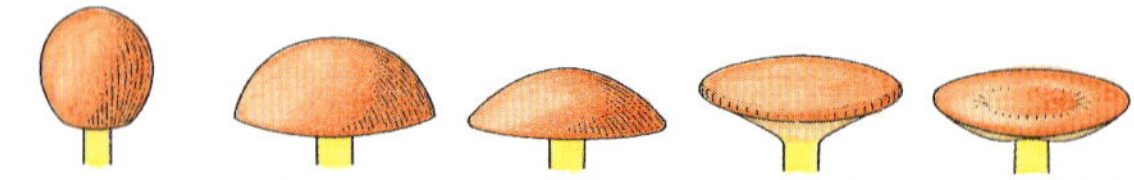

kugelig | halbkugelig | gewölbt | ausgebreitet | niedergedrückt

kegelig | glockig | eiförmig | walzenförmig

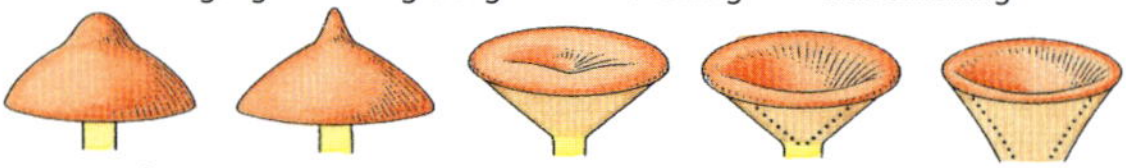

stumpf gebuckelt | spitz gebuckelt | genabelt | trichterig | durchbohrt

LAMELLENFORM

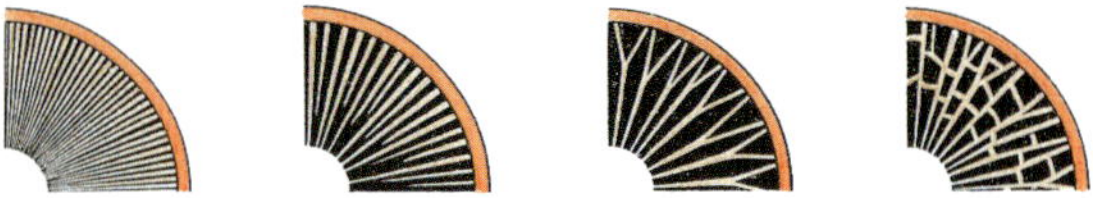

gedrängt stehend | entfernt stehend und untermischt | gegabelt | queraderig verbunden

LAMELLENHALTUNG

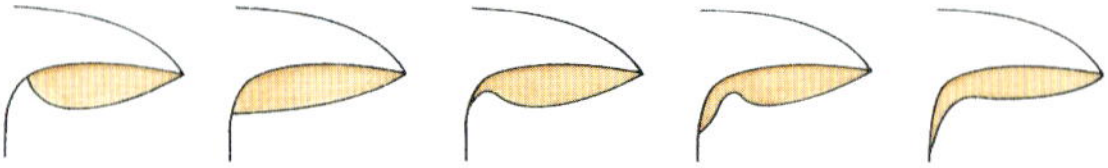

frei | gerade angewachsen | ausgebuchtet angewachsen | mit Zahn herablaufend | herablaufend

RING

hängend | aufsteigend | gerieft | doppelt | Schleierreste

STIEL UND STIELBASIS

zylindrisch | bauchig | keulig | knollig | zugespitzt

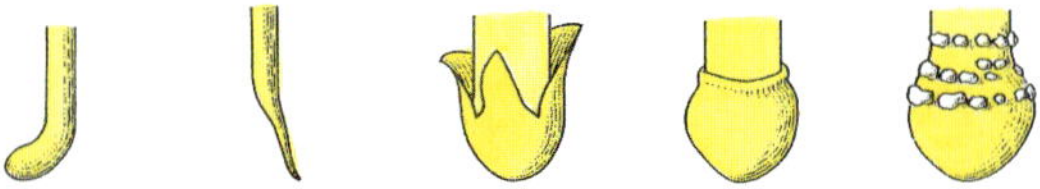

gekniet | wurzelnd | mit lappiger Scheide | eingepfropft | warzig gegürtelt

Da sich dieses Buch an den Anfänger unter den Pilzsammlern richtet, wurde im Text weitestgehend auf Fachausdrücke verzichtet, einige waren jedoch unumgänglich. Hier ihre nähere Erklärung:

exzentrisch Bezeichnung für Stiele, die nicht in der Mitte, aber auch nicht am Rand des Hutes ansitzen

frei Bezeichnung für Lamellen, die nicht mit dem Stiel verbunden sind (Seite 8)

konkav schüssel- bis becherförmig

konvex linsenförmig bis rundlich gewölbt

Lamellen blattartige Träger der Fruchtschicht bestimmter Hutpilze

Myzel Pilzgeflecht aus feinen Fäden, das das Substrat durchwächst, aus ihm Nährstoffe aufnimmt und unter günstigen Bedingungen Fruchtkörper ausbildet

Papille warzen- bis zitzenartige Spitze der Hutmitte

Ring meist häutiges Gebilde am Stiel, manchmal als Faserzone (Seite 8)

Schneide Kante der Lamellen

s.l. (lat. sensu lato = im weitesten Sinne) bezeichnet eine systematische Einheit, die künstlich zusammengefasst wurde

Sporen mikroskopisch kleine Vermehrungskörperchen

Velum Schutzhülle um junge Fruchtkörper mancher Pilzarten

Volva Scheide, häutige Reste des → Velums an der Stielbasis

ZUM WEITERLESEN

Bon, M.: Pareys Buch der Pilze, Kosmos, Stuttgart 2016

Flammer, R.: Giftpilze, AT-Verlag, Aarau 2014

Flück, M.: Welcher Pilz ist das?, Kosmos, Stuttgart 2013

Gerhardt, E.: Der große BLV Pilzführer für unterwegs, BLV Buchverlag, München 2013

Gminder, A.: Handbuch für Pilzsammler, Kosmos, Stuttgart 2018

Gminder, A. & T. Böhning: Welcher Pilz ist das?, Kosmos, Stuttgart 2017

Krieglsteiner, G. J.: Die Großpilze Baden-Württembergs Band 1–5, Ulmer Verlag, Stuttgart 2000–2010

Laux, H. E.: Der große Kosmos Pilzführer, Kosmos, Stuttgart 2015

Pätzold, W. und H. E. Laux: 1mal1 des Pilzesammelns, Kosmos, Stuttgart 2015

Schnell zum Ziel

So finden Sie sich im Buch zurecht:

FARBCODE
Zum leichten Auffinden sind die in diesem Buch beschriebenen essbaren Pilze in drei gut zu erkennende Großgruppen eingeteilt, die über dem Text mit einer Farbleiste markiert sind. Die giftigen Doppelgänger im unteren Buchteil sind unabhängig von ihrer Zuordnung durch einen orangefarbenen Farbbalken gekennzeichnet.

Röhrlinge

Blätter- und Lamellenpilze

Nichtblätterpilze
(Porlinge, Gallert-, Bauch- und Schlauchpilze)

NAMEN
In dieser Farbleiste stehen der deutsche (Gallen-Röhrling), und der wissenschaftliche *(Tylopilus felleus)* Name.

ERSCHEINUNGSZEIT Pilze wachsen in der Regel in einem jahreszeitlich begrenzten Zeitraum, der für jede Art angegeben ist. Je nach Witterung können diese auch etwas früher oder später wachsen.
VORKOMMEN Die meisten Arten sind auf ganz bestimmte Lebensräume spezialisiert, viele sogar an ganz bestimmte Bäume oder Böden gebunden.
HUTGRÖSSE Die Hutgröße (es ist der Hutdurchmesser aufgeführt) ist relativ schnell zu ermitteln und ein wichtiges Bestimmungsmerkmal. Ausnahmen von diesen Durchschnittswerten können jedoch vorkommen.

Der obere Buchteil enthält die essbaren, der untere die giftigen und ungenießbaren Arten. So lassen sich schnell alle im Text angegeben Doppelgänger direkt miteinander vergleichen.

SYMBOL ESSBAR
Bezieht sich immer auf ausreichend gegarte Pilze (15 Min. bei > 60 °C). Auch gute Speisepilze können roh giftig sein!

Fichten-Steinpilz, Herrenpilz
Boletus edulis

Juli – November
Nadel- und Laubwald
Hut 5–25(–30) cm

HUT anfangs halbkugelig und weißlich, später polsterförmig, hell- bis dunkelbraun; Haut glatt, trocken, bei feuchtem Wetter und im Alter schmierig. **RÖHREN** lang, weißlich, später gelbgrünlich, am Stiel ausgebuchtet; Poren eng, den Röhren gleichfarbig, auf Druck nicht verfärbend. **SPORENPULVER** olivbraun. **STIEL** bis 20 cm lang, jung dickbauchig, später zylindrisch, im oberen Teil hellbräunlich mit weißlichem Adernetz, unten heller, Netz weniger deutlich bis fehlend. **FLEISCH** fest, später weich, weißlich, unter der Huthaut bräunlich; Geruch angenehm; Geschmack mild, nussartig. **VORKOMMEN** im Nadelwald und unter Buchen und Birken. **WERT** hervorragender Speisepilz. **VERWECHSLUNGEN** Vom Steinpilz gibt es mehrere selten zu findende Arten und Varietäten.

UNGENIESSBARER DOPPELGÄNGER
Es gibt keinen ähnlichen Giftpilz. Ein einziger **Gallen-Röhrling** (12 B) jedoch kann ein ganzes Pilzgericht mit seiner Bitterkeit verderben. Daher im Zweifelsfall einfach ein Stück vom Hutfleisch
12 A probieren – und der Fall ist klar!

Gallen-Röhrling
Tylopilus felleus

Juni – Oktober
Nadel- und Laubwald
Hut 4–8 cm

HUT anfangs halbkugelig, dann polsterförmig bis ausgebreitet, hellbräunlich bis dunkel olivbraun; Haut trocken feinfilzig, bei Feuchtigkeit schmierig, nicht abziehbar. **RÖHREN** ziemlich lang, am Stiel ausgebuchtet, im Alter kissenartig hervortretend; Poren rundlich oder eckig, erst weißlich, dann rosa, an Druckstellen dunkler. **SPORENPULVER** rosabraun. **STIEL** 5–15 cm lang, kräftig, am Grunde bauchig verdickt, hellbräunlich mit dunklerem, grobem, hervortretendem Netz. **FLEISCH** fest, weiß; Geruch angenehm; Geschmack sehr bitter. **VORKOMMEN** im Laubwald seltener, auf sauren Böden. **WERT** Der Gallen-Röhrling ist zwar nicht giftig, aber so gallenbitter, dass er nicht zum Verzehr geeignet ist.

ESSBARE DOPPELGÄNGER
Steinpilze (12 A, 14 A), **Maronen-Röhrlinge** (22 A), **Birkenpilze** (24 A) sowie **Eichen-Rotkappen** (26 A) sehen jungen Gallen-Röhrlingen täuschend ähnlich und werden auch häufig mit ihnen verwechselt. Keine dieser Arten hat ein grobes erhabe-
12 B nes Stielnetz und bitteres Fleisch.

SYMBOL GIFTIG

SYMBOL UNGENIESSBAR
Arten, die aufgrund von Konsistenz oder Geschmack nicht zum Verzehr geeignet sind oder deren Speisewert nicht sicher bekannt ist.
Bei empfindlichen Personen können manche dieser Arten auch giftig wirken.

Fichten-Steinpilz, Herrenpilz
Boletus edulis

Juli – November
Nadel- und Laubwald
Hut 5–25(–30) cm

HUT anfangs halbkugelig und weißlich, später polsterförmig, hell- bis dunkelbraun; Haut glatt, trocken, bei feuchtem Wetter und im Alter schmierig. **RÖHREN** lang, weißlich, später gelbgrünlich, am Stiel ausgebuchtet; Poren eng, den Röhren gleichfarbig, auf Druck nicht verfärbend. **SPORENPULVER** olivbraun. **STIEL** bis 20 cm lang, jung dickbauchig, später zylindrisch, im oberen Teil hellbräunlich mit weißlichem Adernetz, unten heller, Netz weniger deutlich bis fehlend. **FLEISCH** fest, später weich, weißlich, unter der Huthaut bräunlich; Geruch angenehm; Geschmack mild, nussartig. **VORKOMMEN** im Nadelwald und unter Buchen und Birken. **WERT** hervorragender Speisepilz. **VERWECHSLUNGEN** Vom Steinpilz gibt es mehrere selten zu findende Arten und Varietäten.

UNGENIESSBARER DOPPELGÄNGER

Es gibt keinen ähnlichen Giftpilz. Ein einziger **Gallen-Röhrling** (12 B) jedoch kann ein ganzes Pilzgericht mit seiner Bitterkeit verderben. Daher im Zweifelsfall einfach ein Stück vom Hutfleisch
12 A probieren – und der Fall ist klar!

Gallen-Röhrling
Tylopilus felleus

Juni – Oktober
Nadel- und Laubwald
Hut 4–8 cm

HUT anfangs halbkugelig, dann polsterförmig bis ausgebreitet, hellbräunlich bis dunkel olivbraun; Haut trocken feinfilzig, bei Feuchtigkeit schmierig, nicht abziehbar. **RÖHREN** ziemlich lang, am Stiel ausgebuchtet, im Alter kissenartig hervortretend; Poren rundlich oder eckig, erst weißlich, dann rosa, an Druckstellen dunkler. **SPORENPULVER** rosabraun. **STIEL** 5–15 cm lang, kräftig, am Grunde bauchig verdickt, hellbräunlich mit dunklerem, grobem, hervortretendem Netz. **FLEISCH** fest, weiß; Geruch angenehm; Geschmack sehr bitter. **VORKOMMEN** im Laubwald seltener, auf sauren Böden. **WERT** Der Gallen-Röhrling ist zwar nicht giftig, aber so gallenbitter, dass er nicht zum Verzehr geeignet ist.

ESSBARE DOPPELGÄNGER

Steinpilze (12 A, 14 A), **Maronen-Röhrlinge** (22 A), **Birkenpilze** (24 A) sowie **Eichen-Rotkappen** (26 A) sehen jungen Gallen-Röhrlingen täuschend ähnlich und werden auch häufig mit ihnen verwechselt. Keine dieser Arten hat ein grobes erhabe-
12 B nes Stielnetz und bitteres Fleisch.

Impressum

BILDNACHWEIS

Alle Fotos von Hans E. Laux, außer nachfolgend aufgeführten:
Tanja Böhning: 172 B; Achim Bollmann: 20 B, 22 B, 24 A, 30 A, 34 A, 36 A, 38 A, 42 A, 44 A, 44 B, 50 A, 50 B, 54 B, 60 A, 64 B, 68 B, 72 A, 88 B, 112 A, 116 B, 118 B, 130 B, 148 B, 154 A, 156 A, 162 A, 162 B, 164 A, 166 A, 174 A, 180 B, 184 A; Thomas Fähnrich: 40 B; Andreas Gminder: 20 A, 68 A, 102 B, 120 B, 122 B, 132 B, 134 A, 150 B, 158 A, 166 B, 168 B, 170 A; Michel Hairaud 104 B; Felix Hampe: 148 B; Josef Keller: 42 B; Henri Noguère: 94 B; Miquel Perez-de-Gregorio: 60 B; Luigi Perrone: 34 B; Artur Rysch: 46 B; Harald-Andres Schmid: 40 A; Karl-Heinz Schmitz: 48 A, 80 A, 142 B; Richard Sklorz: 30 B, 76 A

WICHTIGE HINWEISE FÜR BENUTZER

Auch die ausführlichste Diagnose mit einem Pilzbuch kann die umfassende Erfahrung nicht ersetzen, die ein Pilzsammler erst im Laufe der Zeit erwirbt. Lassen Sie deshalb selbst bestimmte Pilze bei Zweifel an der Diagnose vorsichtshalber von einem Fachmann nachbestimmen. Im Zweifelsfall sollten Sie eine fragliche Art zur Sicherheit nicht verwenden. Verlag und Autor tragen keinerlei Verantwortung für Fehlbestimmungen durch den Leser dieses Buches und für individuelle Unverträglichkeiten. Allgemein gilt: Pilze nie roh essen! Sofern nicht anders angegeben, schließt der Hinweis »essbar« stets ein, dass der Pilz zuvor durch Braten, Kochen etc. eine Hitzebehandlung erfuhr.

Umschlagsgestaltung Sigrid Walter. Unter Verwendung von zwei Fotos von Frank Hecker (Gemeines Stockschwämmchen, *Kuehneromyces mutabilis* und Gift-Häubling, *Galerina marginata*).

Der vordere innere Umschlag zeigt einen Flaschenstäubling *(Lycoperdon perlatum)*. Foto von Durch Kichigin/Shutterstock. Der hintere einen Fliegenpilz *(Amanita muscaria)*. Foto von Viktor Kovalenko/Shutterstock.

ISBN 978-3-440-17038-0
Projektleitung und Redaktion: Heiko Fischer
Lektorat: Dr. Sabine Besenfelder
Gestaltung und Satz: Sigrid Walter
Produktion: Markus Schärtlein
Druck und Bindung: Finidr, s. r. o. Český Těšín
Printed in The Czech Republic / Imprimé en République Tchèque

Sommer-Steinpilz
Boletus reticulatus (Boletus aestivalis)

Mai – Juli
Buchen- und Eichenwald
Hut 6–30 cm

HUT anfangs halbkugelig, später polsterförmig-abgeflacht, hell leder- bis nussbräunlich; Haut feinfilzig, bei Trockenheit oft feldrigrissig. **RÖHREN** 1–3 cm lang, ausgebuchtet, jung weißlich, alt olivgrün; Poren eng, rundlich, jung weißlich, alt olivgrün. **SPORENPULVER** olivbraun. **STIEL** bis 20 cm lang, 3–6 cm breit, jung bauchig, später zylindrisch, graubraun, lederfarben, Basis weißlich, vollständig genetzt, Netz weißlich, alt bräunlich nachdunkelnd. **FLEISCH** dick, im Hut bald weich, weißlich, unter der Huthaut hellbraun, im Schnitt nicht verfärbend; Geruch angenehm; Geschmack mild. **WERT** hervorragender Speisepilz, aber bald weich werdend und sehr oft von Maden befallen. **VERWECHSLUNGEN** Andere Steinpilz-Arten sehen ähnlich aus, sind jedoch alle essbar.

UNGENIESSBARER DOPPELGÄNGER

Der Sommer-Steinpilz sieht dem **Gallen-Röhrling** (12 B) noch ähnlicher als der Fichten-Steinpilz, weil er eine sehr ähnliche Huttönung und ein gröberes Stielnetz hat.

Anhängsel-Röhrling

Butyriboletus appendiculatus

Juni – Oktober
Laubwald, Parkanlagen
Hut 8–12(–20) cm

HUT jung halbkugelig, später gewölbt bis ausgebreitet, rot- bis kastanienbraun, Rand scharf, die Röhren etwas überragend; Haut feinfilzig, trocken, alt etwas feldrig aufgerissen. **RÖHREN** 0,5–1,5 cm lang, am Stiel ausgebuchtet angewachsen, chromgelb; Poren jung chrom-, alt olivgelb, bei Druck blauend. **SPORENPULVER** olivbraun. **STIEL** bis 15 cm lang, 2–5 cm breit, zitronen- bis goldgelb, im oberen Teil mit gelblichem Netz, Basis zugespitzt, leicht wurzelnd. **FLEISCH** dick, weißlich bis blassgelb, im Schnitt schwach blauend; Geruch angenehm; Geschmack mild. **VORKOMMEN** einzeln bis gesellig, besonders auf Kalkböden. **WERT** guter Speisepilz. **VERWECHSLUNGEN** Der Pilz kann mit anderen gelbfüßigen Röhrlingen verwechselt werden.

UNGENIESSBARER DOPPELGÄNGER

Es gibt keine giftigen gelbfüßigen Dickröhrlinge. Im Aussehen recht ähnlich ist der ungenießbare **Wurzelnde Bitter-Röhrling** (16 B), der jedoch einen helleren, weißgrauen Hut hat und bitter schmeckt.

16 A

Flockenstieliger Hexen-Röhrling, Schusterpilz
Neoboletus erythropus

Mai – Oktober
Laub- und Nadelwald
Hut 8–20 cm

HUT halbkugelig, später polsterförmig, bräunlich, dunkelbraun; Haut fein samtig, matt, alt kahl, glänzend. **RÖHREN** 1–3 cm lang, gelboliv; Poren eng, rundlich, orange bis orangerot, bei Berührung sofort schwarzblau anlaufend. **SPORENPULVER** olivbraun. **STIEL** 4–15 cm lang, anfangs bauchig, später gestreckt, kräftig, fest, auf gelblichem Grund dicht mit feinen karminroten Schüppchen bedeckt, Basis gelbbräunlich. **FLEISCH** fest, im Alter weich, zitronengelb, bei Anschnitt sofort dunkelblau verfärbend; ohne besonderen Geruch; Geschmack mild. **VORKOMMEN** im Laub- und Nadelwald auf sauren Böden. **WERT** gut gekocht feiner Speisepilz. **VERWECHSLUNGEN** Kann mit anderen rotfüßigen und rotporigen Röhrlingen verwechselt werden.

GIFTIGE DOPPELGÄNGER

Der Flockenstielige Hexen-Röhrling ist sehr leicht mit dem giftigen **Satans-Röhrling** (18 B) und anderen giftigen oder ungenießbaren rotfüßigen Röhrlingen zu verwechseln. Diese Arten haben aber alle ein Stielnetz statt Schüppchen.

Netzstieliger Hexen-Röhrling
Suillellus luridus

Mai – Oktober
Laubwald, Parks
Hut 6–15(–20) cm

HUT halbkugelig bis polsterförmig, olivgelb bis -braun, oft ziegelrot bis rosalich überlaufen, fensterlederartig, bei Berührung blauschwarz verfärbend. **RÖHREN** grüngelb; Poren orange bis blutrot, rundlich. **SPORENPULVER** olivbraun. **STIEL** 5–12 cm lang, 1,5–3 cm breit, olivgelblich, mit grob-erhabenem, rötlichem Netz bedeckt. **FLEISCH** gelb, über den Röhren rot (im Schnitt als rote Linie sichtbar), in der Stielbasis purpurrot, bei Anschnitt sofort tiefblau; Geruch unspezifisch. **VORKOMMEN** Laub-, selten Nadelwälder, Parks, auf Kalkböden. **WERT** gut gegart essbar, sehr selten individuelle Unverträglichkeit. **VERWECHSLUNGEN** Die ausgesprochen seltenen Purpur-Röhrlinge *(Rubroboletus legaliae, Boletus rhodopurpureus)* sehen sehr ähnlich aus. Anfänger sollten rotporige Röhrlinge mit Netz generell meiden.

GIFTIGER DOPPELGÄNGER

Ebenfalls rote Poren weist der giftige **Satans-Röhrling** (18 B) auf, der an ähnlichen Standorten vorkommt, aber einen grauweißen Hut hat und viel massigere Fruchtkörper bildet.

Maronen-Röhrling
Imleria badia

Juni – November
Laub- und Nadelwald
Hut 5–15(–30) cm

HUT jung halbkugelig, später polsterförmig, schließlich flach, schokoladen- bis dunkelbraun; Haut matt, feinsamtig, alt glatt und leicht glänzend, feucht schmierig. **RÖHREN** angewachsen, blassgelblich, später oliv; Poren jung weißlich, bald gelb-grünlich, auf Druck stark blauend. **SPORENPULVER** olivbraun. **STIEL** 5–15 cm, zylindrisch, fest, dick oder schmächtig, heller als der Hut, fein bräunlich gefasert oder fein samtig, ohne Netz. **FLEISCH** weißlich, fest, im Alter weich, im Schnitt etwas blauend; Geruch schwach fruchtig; Geschmack mild. **VORKOMMEN** ziemlich häufig im Nadel-, seltener im Laubwald, auf sauren Böden. **WERT** geschätzter Speisepilz. **VERWECHSLUNGEN** Die ähnlichen **Steinpilze** (12 A, 14 A) haben am Stiel immer ein Netz.

UNGENIESSBARER DOPPELGÄNGER

Dieser leicht erkennbare Röhrling kann kaum mit Giftpilzen verwechselt werden, wenn man auf das Fehlen eines Stielnetzes achtet. Ähnlich ist allerdings der sehr bitter schmeckende **Gallen-**
22 A **Röhrling** (12 B), der das ganze Pilzgericht verderben kann.

Birkenpilz, Birken-Röhrling
Leccinum scabrum

Juni – Oktober
unter Birken
Hut 6–12(–15) cm

HUT halbkugelig, später polsterförmig, gelb-, hellgrau- bis dunkelbraun, Rand kaum überhängend; Haut glatt und kahl, feucht schmierig. **RÖHREN** 1–3 cm lang, kissenartig nach unten gewölbt, am Stiel tief ausgebuchtet, leicht vom Hutfleisch ablösbar, weißlich, später gräulich; Poren röhrenfarben, klein. **SPORENPULVER** olivbraun. **STIEL** 5–20 cm lang, schlank, nach oben verjüngt, jung weißlich, mit graubräunlichen, später schwärzlichen Schüppchen bedeckt, die im oberen Teil manchmal längsstreifig angeordnet sind. **FLEISCH** jung fest, bald schwammig, im Stiel faserig, weißlich, später grauweiß, mild. **WERT** jung guter Speisepilz, roh giftig. **VERWECHSLUNGEN** Spezialisten unterscheiden etwa 15 verschiedene Birkenpilze, so zum Beispiel den Wollstiel-Birkenpilz *(Leccinum cyaneobasileucum)*.

UNGENIESSBARER DOPPELGÄNGER

Unter den Raufußröhrlingen gibt es keine Giftpilze. Unerfahrene Sammler können den Birkenpilz allerdings mit dem sehr bitteren, aber nicht giftigen **Gallen-Röhrling** (12 B) verwechseln.

24 A

Eichen-Rotkappe, Eichen-Raufuß

Leccinum aurantiacum

August – Oktober
Eichenwald
Hut 6–15(–20) cm

HUT jung halbkugelig, später polsterförmig, orangebraun, kastanienbraun, ziegelfarben; Haut feinfilzig, später glatt, am Rand etwas überstehend. **RÖHREN** bis 3 cm lang, am Stiel stark ausgebuchtet, weißlich bis blassbraun; Poren klein, weißlich später grau bis graugelblich, auf Druck bräunlich fleckend. **SPORENPULVER** gelbbraun. **STIEL** bis 18 cm lang, 2–4 cm breit, schwach keulig, Schüppchen auf hellem Grund, anfangs weißlich, bald braunrot, dann schwärzend. **FLEISCH** dick, weiß, im Schnitt schwach rosa bis grauviolett; Geruch und Geschmack angenehm. **VORKOMMEN** vor allem in warmen Eichenwäldern. **WERT** guter Speisepilz. **VERWECHSLUNGEN** Kann mit anderen essbaren Raufußröhrlingen verwechselt werden.

UNGENIESSBARER DOPPELGÄNGER

Die Eichen-Rotkappe hat, wenn man auf den beschuppten Stiel achtet, keinen giftigen Doppelgänger. Ansonsten könnte sie in jungem Zustand mit dem bitteren **Gallen-Röhrling** (12 B) verwechselt werden, der einen genetzten Stiel aufweist.

Rotfuß-Röhrling
Xerocomellus chrysenteron

Juni – November
Laub- und Nadelwald
Hut 3–8(–12) cm

HUT halbkugelig, später gewölbt bis ausgebreitet, grau- bis dunkelbraun; Haut matt, samtig, besonders bei Trockenheit feldrig aufgerissen, in den Rissen rötlich verfärbt. **RÖHREN** 0,7–1 cm lang, erst blassgelb, dann gelbgrünlich; Poren groß, eckig, gelbgrün, auf Druck blaugrün verfärbend. **SPORENPULVER** olivbraun. **STIEL** 5–8 cm lang, schlank, oft verbogen, hart, gelb, rötlich längs gestreift bis rötlich punktiert, auch ganz rot erscheinend, immer ohne Netz. **FLEISCH** sehr weich, gelblich, unter der Huthaut rötlich, an Schnittstellen nur wenig blauend; Geruch obstartig; Geschmack säuerlich. **WERT** jung als Mischpilz geeignet, schimmelt jedoch schnell. **VERWECHSLUNGEN** Der Rotfuß-Röhrling ist sehr variabel. Fachleute unterscheiden etwa zehn Arten, die alle essbar sind.

GIFTIGE DOPPELGÄNGER

Unerfahrene Pilzsammler könnten den Rotfuß-Röhrling mit dem giftigen **Schönfuß-Röhrling** (14 B) oder dem giftigen **Satans-Röhrling** (18 B) verwechseln. Beide Pilze sind aber viel kräftiger und haben am Stiel ein rotes Netz.

Butterpilz
Suillus luteus

August – November
Kiefernwald
Hut 6–15 cm

HUT jung halbkugelig, dann flach polsterförmig, kastanien- bis schokoladenbraun, selten heller; Huthaut feucht schleimig, trocken klebrig, vollständig abziehbar (darunter weiß). **RÖHREN** blass gelb, Poren gleich gefärbt, rundlich, klein. **SPORENPULVER** olivbraun. **STIEL** 5–10(–12) cm lang, 1–2 cm breit, weißlich bis blass gelb, an der Spitze mit Drüsenpunkten, mit häutigem, weißem Ring, der unterseitig violettbraun ist, Basismyzel weiß. **FLEISCH** blass gelb, weich, unveränderlich; Geschmack mild, etwas säuerlich; Geruch unspezifisch. **VORKOMMEN** stets unter Kiefern (selten Fichte), in Wäldern, Heiden und Parks, auf sauren Böden häufiger als auf Kalk. **WERT** essbar, aber ziemlich weich, die Huthaut sollte abgezogen werden. **VERWECHSLUNGEN** Es gibt keine ähnlichen giftigen oder ungenießbaren Arten. Alle Röhrlinge, die einen Ring oder eine schleimige, abziehbare Huthaut aufweisen, sind essbar. Allerdings wird der Butterpilz, ebenso wie einige andere Schmierröhrlinge, in größeren Mengen nicht von allen Personen gut vertragen. Testen Sie sich daher vorsichtshalber zunächst mit einer kleineren Portion.

Kupferroter Gelbfuß
Chroogomphus rutilus

Juli – November
unter Kiefern
Hut 4–8(–12) cm

HUT jung halbkugelig, später ausgebreitet, meist spitz gebuckelt, orange-gelb, orange-braun, kupferrötlich, Rand anfangs durch einen Schleier mit dem Stiel verbunden; Haut klebrig, bei Trockenheit glatt, kahl, glänzend. **LAMELLEN** weit herablaufend, dicklich, entfernt stehend, olivbraun bis schmutzig purpurn, alt schwärzlich. **SPORENPULVER** schwarz. **STIEL** bis 10 cm lang, zylindrisch, nach unten verjüngt, voll, gelbbräunlich, kupferrötlich, Basis dunkelgelb. **FLEISCH** orange, dick, in der Stielbasis goldgelb; ohne besonderen Geruch; Geschmack mild. **WERT** guter Speisepilz. **VERWECHSLUNGEN** Der essbare, orangefarbene Filzige Gelbfuß *(Chroogomphus helveticus)* kommt in höheren Berglagen unter Fichten vor.

GIFTIGE DOPPELGÄNGER
Verwechslungen mit dem **Spitzgebuckelten** (108 B) und dem **Orangefuchsigen Raukopf** (110 B) oder anderen ähnlichen, giftigen Schleierlingen kommen immer wieder vor – am besten beim kleinsten Zweifel die Finger weglassen!

Kuhmaul, Großer Gelbfuß
Gomphidius glutinosus

Juli – Oktober
Nadelwald
Hut 5–12 cm

HUT gewölbt, alt flach werdend und manchmal etwas vertieft, violettbraun bis dunkel lilagrau von der dicken violetten Schleimschicht, die den Hut überzieht, weiß bei abgezogener Huthaut, alt mit schwarzen Flecken. **LAMELLEN** jung hellgrau, zunehmend schwärzlich, stark herablaufend, sehr weich, ablösbar wie die Röhrenschicht von Röhrlingen. **SPORENPULVER** schwarz. **STIEL** 4–8 cm lang, 1–2 cm breit, zylindrisch, oft an der Basis zuspitzend, weiß, im unteren Drittel leuchtend chromgelb (!), unterhalb der Lamellen mit schleimiger Ringzone, oben schleimig wie der Hut. **FLEISCH** weiß, weich, im unteren Stielbereich chromgelb (!); mild. **VORKOMMEN** in Nadelwäldern auf sauren Böden, oft zusammen mit dem Fichten-Steinpilz. **WERT** essbar, aber ohne nennenswerten Eigengeschmack. Die Schleimschicht sollte entfernt werden. Der Hutschleim ist so stark sauer, dass er Alufolie auflöst, daher nie ungeputzte Pilze in Alufolie wickeln! **VERWECHSLUNGEN** Die Kombination aus dick schleimigem Hut, herablaufenden grauen Lamellen und chromgelber Stielbasis ist so einzigartig, dass das Kuhmaul keinen giftigen Doppelgänger hat.

Größter Saftling, Granatroter Saftling
Hygrocybe punicea

August – November
nährstoffarme Wiesen
Hut 5–12 cm

HUT kegelig bis stumpf glockig, alt geschweift ausgebreitet mit stumpfem Buckel, nie flach werdend, stumpf blutrot, granatrot, oft mit gelblichen Anteilen streifig vermischt, schwach eingewachsen faserig, feucht etwas schmierig. **LAMELLEN** gelblich bis orangerot, alt etwa hutfarben, aufsteigend, schmal angewachsen. **SPORENPULVER** weiß. **STIEL** 5–10 cm lang, 0,8–1,5 cm breit, dem Hut gleichfarben, an der Basis gelblichweiß, glatt, hohl werdend. **FLEISCH** gelb, auffallend brüchig (aber längsfaserig); Geschmack mild; Geruch unspezifisch. **VORKOMMEN** auf ungedüngten Wiesen, Magerrasen und extensiv genutzten Weiden. **WERT** essbar und wohlschmeckend, in Deutschland jedoch nach der Bundesartenschutzverordnung streng geschützt! **VERWECHSLUNGEN** Mit anderen Saftlings-Arten, die teilweise giftig sind.

GIFTIGER DOPPELGÄNGER

Der etwas kleinere **Schwärzende Saftling** (22 B) ist am Schwärzen der Fruchtkörper zu erkennen, doch findet diese Verfärbung nur langsam statt.

Schneeweißer Ellerling

Cuphophyllus niveus, Camarophyllus virgineus

September – Dezember
ungedüngte Wiesen
Hut 2–5 cm

HUT flach gebuckelt, konvex, alt verflachend, oft deutlich niedergedrückt, elfenbeinweiß bis cremefarben, Mitte meist etwas dunkler getönt, glatt, feucht schwach schmierig und am Rand kurz gerieft. **LAMELLEN** elfenbeinweiß, ziemlich dick, entfernt stehend, deutlich herablaufend. **SPORENPULVER** weiß. **STIEL** 2–5 cm lang, 0,3–0,6 cm breit, zylindrisch, basal zuspitzend, elfenbeinweiß, glatt, etwas seidig überfasert. **FLEISCH** weißlich; Geschmack mild; Geruch unspezifisch. **VORKOMMEN** ungedüngte Wiesen und Rasen, manchmal in Vorgärten. **WERT** essbar, nur ergiebig, wenn er in größerer Anzahl wächst. **VERWECHSLUNGEN** Es gibt viele sehr ähnliche Arten aus mehreren Gattungen, insbesondere giftige Trichterlinge, darum ist beim Sammeln von Ellerlingen besonders viel Erfahrung nötig.

GIFTIGER DOPPELGÄNGER

Am gefährlichsten sind Verwechslungen mit dem sehr giftigen **Feld-Trichterling** (26 B), der auch auf Wiesen wächst und sich nur an den weniger herablaufenden Lamellen unterscheidet.

38 A

Natternstieliger Schneckling
Hygrophorus olivaceoalbus

August – November
Nadelwald
Hut 3–5(–7) cm

HUT jung flach gewölbt, alt verflachend, meist stumpf gebuckelt, oliv- bis graubraun, sepia, mit etwas dunklerer Mitte, feucht sehr schleimig. **LAMELLEN** weiß, dicklich, breit angewachsen bis angedeutet herablaufend. **SPORENPULVER** weiß. **STIEL** 3–8 cm lang, 0,3–0,8 cm breit, zylindrisch, basal zuspitzend, auf blass rauchgrauem oder weißlichem Grund olivbraun genattert, schleimig, die Spitze weiß abgesetzt, mit feinen weißen Schüppchen. **FLEISCH** weiß, weich; Geschmack mild; ohne spezifischen Geruch. **VORKOMMEN** in Nadelwäldern auf sauren Böden, meist unter Fichte. **WERT** essbar, aber wenig ergiebig. **VERWECHSLUNGEN** Unter den Schnecklingen gibt es keine giftige Art, aber vor Verwechslung mit ungenießbaren Ritterlingen oder giftigen Schleierlingen muss man sich hüten.

GIFTIGER DOPPELGÄNGER

Achtet man nicht auf die weißen Lamellen, kann die Art mit einigen Schleierlings-Arten verwechselt werden, zum Beispiel mit dem **Geranien-Gürtelfuß** (118 B).

Frost-Schneckling
Hygrophorus hypothejus

Oktober – Dezember
Kiefernwald und -heide
Hut 3–5(–7) cm

HUT jung gewölbt, dann verflachend, alt niedergedrückt, aber mit lang eingebogenem Rand, gelb-, oliv- bis graubraun, bisweilen mit orangegelben Flecken, feucht schleimig. **LAMELLEN** weiß, dann gelblich, zuletzt orangegelb, dick, weich, breit angewachsen oder schwach herablaufend. **SPORENPULVER** weiß. **STIEL** 3–6 cm lang, 0,3–0,7 cm breit, zylindrisch, Basis ausspitzend, weiß, alt orangegelblich, mit undeutlicher Ringzone, Spitze mit feinen weißen Pusteln. **FLEISCH** weiß, weich; Geschmack mild; Geruch unspezifisch. **VORKOMMEN** unter Kiefern auf meist sandigen Böden. **WERT** essbar, aufgrund der späten Erscheinungszeit sehr geschätzt. **VERWECHSLUNGEN** Es gibt unter den Lamellenpilzen etliche ähnlichen Arten, vor allem diverse Trichterlinge. Nur erfahrene Pilzfreunde sollten solche Pilze sammeln.

GIFTIGER DOPPELGÄNGER

Schmächtige Exemplare des **Seifen-Ritterlings** (42 B) können abgetrockneten Frost-Schnecklingen ähnlich sehen, daher unbedingt auf die Lamellenhaltung achten!

42 A

Ockergelber Trichterling
Infundibulicybe gibba

Juni – Oktober
Wälder und Parks
Hut 2–6(–8) cm

HUT jung flach gewölbt, bald flach vertieft, dann trichterig, stets mit kleinem (fühlbarem) Buckel, blass ocker bis hell gelbbraun, matt, jung fein samtig, nicht hygrophan, Rand meist etwas gerippt. **LAMELLEN** weißlich bis hell creme, heller als Hut, herablaufend. **SPORENPULVER** weiß. **STIEL** 3–7 cm lang, 0,3–0,6 cm breit, weißlich bis blass cremefarben, heller als der Hut, glatt. **FLEISCH** weißlich; Geschmack mild; mit schwachem Geruch nach Bittermandel. **VORKOMMEN** in Wäldern aller Art, grasigen Lichtungen, Parks. **WERT** essbar, jedoch nicht sehr ergiebig. **VERWECHSLUNGEN** Die Art sieht aus wie eine Miniaturausgabe des ebenfalls essbaren **Mönchskopf** (46 A). Es gibt viele sehr ähnliche giftige Trichterlinge, die allerdings feucht einen wasserzügigen Hut aufweisen!

GIFTIGE DOPPELGÄNGER

Alle hygrophanen Trichterlinge sind zumindest giftverdächtig. Besonders ähnlich sehen der **Parfümierte Bambustrichterling** (34 B) und der **Duft-Trichterling** (30 B) aus.

44 A

Mönchskopf
Infundibulicybe geotropa

September – November
Laub- und Nadelwald
Hut 5–20(–30) cm

HUT breit, anfangs gewölbt, bald ausgebreitet, trichterförmig, mit typischem, kleinem Buckel, weißgelblich, hellocker, Rand lange eingerollt; Haut seidig bereift, später kahl und feinfilzig, trocken. **LAMELLEN** herablaufend, dicht stehend, am Rand mit vielen kürzeren untermischt, weißlich, cremefarben. **SPORENPULVER** weiß. **STIEL** 8–15 cm lang, fest, voll, weißlich bis blass ocker, kräftig, Basis etwas keulig und weißfilzig, hutfarben. **FLEISCH** elastisch bis zäh, dick, weißlich bis cremefarben; Geruch süßlich, aromatisch; Geschmack mild. **VORKOMMEN** auch an Waldrändern und auf Waldwiesen. **WERT** jung essbar, Mischpilz. **VERWECHSLUNGEN** Leicht mit anderen essbaren, ungenießbaren und giftigen weißen Trichterlingen zu verwechseln.

GIFTIGE DOPPELGÄNGER

Junge Mönchsköpfe können bei oberflächlichem Sammeln mit giftigen hellen **Trichterlingen** (24 B, 32 B, 34 B) oder hellhütigen **Riesen-Rötlingen** (72 B) verwechselt werden.

Anis-Trichterling
Clitocybe odora

Juli – Oktober
Nadel- und Laubwald
Hut 4–7(–12) cm

HUT jung flach gewölbt, rundlich, alt schwach vertieft und zunehmend wellig verbogen, grünlich-graublau, trüb spangrün, zunehmend grau-ocker mit abnehmend intensiver Grüntönung, glatt, trocken, Rand anfangs eingebogen. **LAMELLEN** breit angewachsen bis leicht herablaufend, blass cremegrau, graugrünlich getönt. **SPORENPULVER** rosalich-creme. **STIEL** 3–7 cm lang, 0,3–0,8 cm breit, weißlich, alt grünlichgrau, an der Basis weißfilzig. **FLEISCH** weißlich bis blass grünlich; mit starkem Anis-Geruch (!). **VORKOMMEN** in Laub- und Nadelwäldern in der Streu. **WERT** essbar, aber aufgrund des Anis-Aromas nicht jedermann zusagend. **VERWECHSLUNGEN** Solange die arttypischen grau- bis blaugrünen Farbtöne vorhanden sind, gibt es keine ähnliche Art, die gleichfalls nach Anis riecht.

GIFTIGER DOPPELGÄNGER

Wenn der Anis-Trichterling in seiner lederfarbenen Variante ohne jeglichen Grünton vorkommt, kann er dem **Duft-Trichterling** (30 B) sehr ähnlich sehen.

Fuchsiger Röteltrichterling
Paralepista flaccida (Lepista gilva)

August – November
Nadel- und Laubwälder
Hut 3–8(–10) cm

HUT jung flach gewölbt, bald zunehmend vertieft, alt tief trichterig, orangeocker bis fuchsig, jung oft mit grubigen Vertiefungen im Randbereich (»Wasserfleckiger Röteltrichterling«), alt zunehmend orangebraun gesprenkelt. **LAMELLEN** hell ockerlich, alt mit fuchsigen Flecken, dicht stehend, herablaufend. **SPORENPULVER** cremefarben. **STIEL** 2–6 cm lang, 0,4–1 cm breit, hell ocker, glatt, an der Basis striegelig-filzig **FLEISCH** cremefarben; Geschmack mild; Geruch schwach pilzartig, unspezifisch. **VORKOMMEN** in der Nadelstreu oder nach Waldarbeiten in großen Trupps oder Ringen, seltener im Laubwald. **WERT** essbar. **VERWECHSLUNGEN** Etliche weitere giftige und essbare Trichterlingsarten sehen sehr ähnlich aus, aber auch mit Tellerlingen (*Rhodocybe* spp.) könnte man ihn verwechseln.

GIFTIGER DOPPELGÄNGER

Täuschend ähnlich sieht der stark giftige **Parfümierte Bambustrichterling** (34 B) aus, der bisher noch nicht in Deutschland aufgetreten, aber zu erwarten ist.

50 A

Violetter Rötelritterling
Lepista nuda

Juli – November
Laub- und Nadelwald
Hut 8–12(–15) cm

HUT gewölbt, später fast flach, anfangs schön violett, später bräunlich, im Alter hell- oder graulila ausbleichend, feucht glänzend, Rand lange eingerollt. **LAMELLEN** fast gedrängt, am Stiel abgerundet, leicht vom Hutfleisch ablösbar, violett, im Alter braunrosa. **SPORENPULVER** fleischrötlich. **STIEL** 5–10 cm lang, bis 3 cm breit, zylindrisch, voll, ausgestopft, violett mit weißsilbrigen Längsfasern, Basis verdickt. **FLEISCH** weich, zart, violett, bei Regen wässrig durchzogen; Geruch und Geschmack angenehm süßlich. **VORKOMMEN** bisweilen auch im Frühjahr, meist in Ringen und Gruppen. **WERT** guter Speisepilz. **VERWECHSLUNGEN** Verwechselbar mit dem Lilastiel-Rötelritterling *(Lepista saeva)* und dem Schmutzigen Rötelritterling *(Lepista sordida)*.

GIFTIGE DOPPELGÄNGER

Vorsicht vor Verwechslungen mit ähnlich gefärbten giftigen Schleierlingen wie dem Purpurfleckenden Klumpfuß *(Cortinarius purpurascens)* und dem **Bocks-Dickfuß** (116 B)! Ihr Sporenpulver ist immer rostbraun gefärbt.

Violetter Lacktrichterling

Laccaria amethystina

Juni – November
Laub- und Nadelwald
Hut 2–5 cm

HUT anfangs gewölbt, später ausgebreitet, unregelmäßig verbogen, Rand lange heruntergebogen; Haut feinfilzig bis schuppig, jung und feucht leuchtend violett, im Alter und bei Trockenheit schnell ausblassend. **LAMELLEN** angewachsen, entfernt stehend, dick, bauchig, violett, bei Trockenheit wie der Hut verblassend. **SPORENPULVER** weiß. **STIEL** 3–10 cm lang, schlank, zylindrisch, zäh, voll, etwas faserig, violett. **FLEISCH** dünn, faserig, zäh, violettlich; Geruch und Geschmack unbedeutend. **WERT** eignet sich gut als Essigpilz zum Garnieren. **VERWECHSLUNGEN** Kann mit anderen essbaren Lacktrichterlingen verwechselt werden; die ähnlichen giftigen Schleierlinge *(Cortinarius)* haben immer braunes Sporenpulver.

GIFTIGE DOPPELGÄNGER

Der **Rettich-Helmling** (62 B) hat einen ähnlich gefärbten Hut, aber hellere Lamellen und riecht deutlich nach Rettich. Der ebenfalls ähnliche giftige **Rettich-Gürtelfuß** (120 B) hat außerdem braunes Sporenpulver.

Dunkler Hallimasch
Armillaria ostoyae

August – November
an Laub- und Nadelholz
Hut 3–10 cm

HUT jung halbkugelig, später ausgebreitet, honiggelb bis dunkelbräunlich, mit kleinen, faserigen, abwischbaren Schüppchen besetzt, die in der Mitte dichter stehen. **LAMELLEN** weißlich bis hellbraun, alt rotbraun gefleckt. **SPORENPULVER** weiß. **STIEL** bis 15 cm lang, längsfaserig, schlank, Basis etwas verdickt, zäh, alt hohl, gelb bis bräunlich, Ring weiß bis gelblich. **FLEISCH** dünn, fest, im Stiel faserig, weißlich; Geruch unauffällig; Geschmack herb im Hals kratzend. **VORKOMMEN** meist büschelig an geschwächtem und totem Holz. **WERT** jung nach längerem Kochen (20 Minuten) essbar; roh sehr giftig (wird auch gut gekocht nicht von jedem vertragen!). **VERWECHSLUNGEN** Der Honiggelbe Hallimasch *(Armillaria mellea)* ist eher olivgelb und hat feinere Schüppchen.

GIFTIGE DOPPELGÄNGER

Der Hallimasch kann von unerfahrenen Pilzsammlern mit tödlich giftigen Rauköpfen und dem ungenießbaren **Sparrigen Schüppling** (134 B) oder dem **Schuppigen Träuschling** (136 B) verwechselt werden.

Maipilz, Mai-Ritterling
Calocybe gambosa

April – Juni
Laubwald, Gebüsch
Hut 3–10(–12) cm

HUT jung gewölbt, später abgeflacht, wellig verbogen, fleischig, weißlich, auch bräunlich-lederfarben, Rand lange eingebogen; glatt, trocken. **LAMELLEN** schmal, sehr dicht, ausgebuchtet, mit kurzen Zähnchen herablaufend, jung weißlich, später creme-farben. **STIEL** 5–8 cm lang, voll, fest, zylindrisch, etwas faserig, weiß, gelblich weiß. **SPORENPULVER** weiß. **FLEISCH** dick, fest, weißlich; Geruch und Geschmack mehlartig. **VORKOMMEN** gesellig, oft in Ringen, an grasigen Stellen auch an Waldrändern und auf Wiesen. **WERT** geschätzter Speisepilz. **VERWECHS-LUNGEN** Der Maipilz ist am Aussehen und Geruch recht gut zu erkennen. Vorsicht vor ungewöhnlich früh wachsenden weißhütigen **Knollenblätterpilzen** (76 B, 78 B) oder **Riesen-Rötlingen** (72 B).

GIFTIGER DOPPELGÄNGER

Junge Maipilze können vor allem mit dem **Ziegelroten Risspilz** (126 B) verwechselt werden, der auch jung schon eine eingewachsen-faserige Hutoberfläche hat.

Brauner Büschel-Rasling
Lyophyllum decastes

(Juni) August – November
grasige Stellen, Wegränder
Hut 2–7(–10) cm

HUT flach gewölbt, alt verflachend aber nicht trichterig, rauch- bis braungrau, graubraun, sepia, glatt. **LAMELLEN** weiß, aufsteigend, schmal angewachsen. **SPORENPULVER** weiß. **STIEL** 4–8 cm lang, 0,5–1 cm breit, weiß, seidig überfasert, basal meist zuspitzend, zu mehreren büschelig verwachsen, selten einzeln. **FLEISCH** weiß, fest bis zäh; mild, Geschmack unspezifisch. **VORKOMMEN** an Weg- und Straßenrändern, in Grünflächen, seltener im Laub- oder Nadelwald. **WERT** essbar, aufgrund des festen Fleisches von vielen sehr geschätzt. **VERWECHSLUNGEN** Es gibt zahlreiche ähnliche Arten in verschiedenen Gattungen, zum Beispiel Rötlinge, Rüblinge oder Ritterlinge, die teilweise ungenießbar oder giftig sind. Aufgrund erhöhter Schwermetallbelastung sollte die Art nicht neben Fahrstraßen gesammelt werden.

GIFTIGE DOPPELGÄNGER

Der **Weiße Rasling** (28 B) enthält erbgutschädigende Stoffe, ist aber farblich gut zu unterscheiden. Der **Seifen-Ritterling** (42 B) ist größer und riecht unangenehm.

Gemeiner Erd-Ritterling
Tricholoma terreum

August – November
unter Kiefern
Hut 4–7 cm

HUT jung glockig, später ausgebreitet, meist stumpf gebuckelt; Haut radialfaserig bis schuppig, Fasern hell-, dunkel- oder mausgrau, trocken. **LAMELLEN** ziemlich eng stehend, ausgebuchtet, zahnartig herablaufend, jung weißlich-, später aschgrau, besonders zum Rand hin. **SPORENPULVER** weiß. **STIEL** 3–8 cm lang, bis 1 cm dick, zerbrechlich, voll, zuletzt hohl, weißlich bis blassgrau, glatt, Spitze feinkleiig. **FLEISCH** dünn, zerbrechlich, weißgrau, nicht verfärbend; Geruch schwach, nicht mehlig; Geschmack mild. **VORKOMMEN** bevorzugt auf Kalkböden. **WERT** wohlschmeckender Speisepilz. **VERWECHSLUNGEN** Die Pilze der artenreichen Gruppe der grauhütigen Ritterlinge *(Tricholoma)* sind sehr schwer voneinander zu unterscheiden.

GIFTIGE DOPPELGÄNGER

Vorsicht vor dem giftigen **Tiger-Ritterling** (48 B), der jedoch deutlich nach Mehl riecht und dem **Schärflichen Erd-Ritterling** (50 B). Unerfahrene Pilzsammler sollten besser ganz auf grau- bis schwarzhütige Ritterlinge verzichten!

Schwarzfaseriger Ritterling, Schneepilz
Tricholoma portentosum

September – Dezember
Nadelwald
Hut 4–12(–15) cm

HUT jung glockig bis halbkugelig, dann gewölbt bis flach mit stumpfem Buckel, graubraun mit gelber oder lila Tönung, mit eingewachsenen schwarzen Fasern radial gestreift, Mitte fast schwarz; Haut feucht klebrig-schmierig, abziehbar. **LAMELLEN** am Stiel ausgebuchtet angewachsen, jung weiß, alt gelblich grün. **SPORENPULVER** weiß. **STIEL** 6–10 cm lang, bis 2,5 cm breit, etwas faserig, alt hohl, kahl, weißlich, grünlich gelb fleckend. **FLEISCH** weißlich, unter der Huthaut graugelb; Geruch mehlartig; Geschmack mild. **VORKOMMEN** gerne unter Fichten und Kiefern. **WERT** ergiebiger und von vielen sehr geschätzter Speisepilz. **VERWECHSLUNGEN** Es gibt einige ähnliche ungenießbare und giftige Ritterlinge, die oft nur von Kennern genau unterschieden werden können.

GIFTIGE DOPPELGÄNGER

Vom Aussehen her ähnlich ist insbesondere der **Seifen-Ritterling** (42 B), aber auch der **Tiger-Ritterling** (48 B) und der **Schärfliche Erd-Ritterling** (50 B) können bisweilen ähnlich aussehen.

Horngrauer Rübling
Rhodocollybia butyracea var. *asema*

August – November
Laub- und Nadelwald
Hut 3–7 cm

HUT jung etwas gewölbt, dann ausgebreitet, meist gebuckelt, braun, hornfarben, gelblichgrau, Mitte dunkler, erscheint dann zweifarben. Haut trocken stark ausblassend, feucht speckig glänzend. **LAMELLEN** breit, gedrängt, ausgebuchtet, weiß. **SPORENPULVER** cremerosa. **STIEL** 3–8 cm, steif, elastisch, zuletzt hohl, Basis keulig aufgeblasen, am Grunde weißfilzig, graubraun bis horngrau. **FLEISCH** weißlich, feucht etwas grau; Geruch würzig; Geschmack mild. **WERT** Mischpilz, nur die Hüte verwenden, die Stiele sind zäh. **VERWECHSLUNGEN** Unter den Rüblingen befinden sich mehrere ungenießbare und giftige Arten. Der Horngraue Rübling ist an seinem Aussehen und dem aufgeblasenen Stiel aber relativ leicht zu erkennen.

GIFTIGE DOPPELGÄNGER

Das Geruchlose Graublatt *(Myochromella inolens)* mit nicht aufgeblasener Stielbasis und der **Striegelige Rübling** (52 B) mit starkem Kohlgeruch können dem Horngrauen Rübling ähnlich sehen.

66 A

Samtfuß-Rübling
Flammulina velutipes s.l.

Oktober – Februar
an Laubholz
Hut 2–5(–8) cm

HUT flach gewölbt, dann verflachend, gelborange bis orangebraun, Mitte etwas dunkler rostfarben, glatt, feucht glänzend und schmierig, Rand meist fein gerieft. **LAMELLEN** blass gelblich, im Alter orangegelb, aufsteigend, breit angewachsen. **SPORENPULVER** weiß. **STIEL** 2–6(–8) cm lang, 0,3–0,6 cm breit, zylindrisch, aufgrund des büscheligen Wuchses meist gebogen, jung gelblich, dann orangebraun, bald braunschwarz und samtig, hohl. **FLEISCH** weißlich, elastisch; Geschmack mild; Geruch unspezifisch. **VORKOMMEN** in Buchen- und Auwäldern, an totem Laubholz, gerne Weide, Pappel oder Buche. **WERT** essbar, etwas zäh. **VERWECHSLUNGEN** Durch das Vorkommen bei Schnee und Frost ist die Verwechslungsgefahr relativ gering, aber es können in milden Wintern auch Arten wachsen, die sonst nur im Herbst vorkommen.

GIFTIGER DOPPELGÄNGER
Der tödlich giftige **Gift-Häubling** (132 B) kann in älteren Exemplaren täuschend ähnlich aussehen. Er wächst bisweilen in milden Winterperioden sogar am selben Stamm!

Echter Knoblauch-Schwindling, Mousseron
Mycetinis scorodonius

Juni – Oktober
Nadelwald
Hut 0,5–3 cm

HUT gewölbt, dann abgeflacht mit kleinem Buckel, fleischbraun bis braunrot, alt und bei Trockenheit ausblassend, Rand sehr dünn; Haut erst glatt, dann runzelig, wellig verbogen. **LAMELLEN** am Stiel angeheftet, entfernt stehend, weißlich. **SPORENPULVER** weiß. **STIEL** 3–6 cm lang, dünn, röhrig, zäh, glänzend, rot- oder schwarzbraun, zur Spitze hin heller. **FLEISCH** sehr dünn, zäh, blass; Geruch und Geschmack stark nach Knoblauch. **VORKOMMEN** gesellig auf Fichtennadeln und anderen Pflanzenresten. **WERT** getrocknet ein feiner Würzpilz. **VERWECHSLUNGEN** Ähnliche Schwindlinge sind mit Ausnahme des **Nelken-Schwindlings** (72 A) nicht zu Speisezwecken geeignet.

UNGENIESSBARE DOPPELGÄNGER
Die ähnlichen **Langstieliger Knoblauch-Schwindling** (58 B) und Großer Knoblauch-Schwindling *(Mycetinis querceus)* sind als Würzpilze nicht geschätzt. Beide Arten haben deutlich längere, oft komplett schwarze Stiele.

70 A

Nelken-Schwindling
Marasmius oreades

Mai – November
Wiesen
Hut 1,5–4(–5) cm

HUT jung halbkugelig, bald flach, stumpf gebuckelt, lederfarben bis beige, entwässert deutlich heller, glatt, Rand gekerbt, feucht kurz gerieft. **LAMELLEN** cremefarben, etwa wie der Hut gefärbt, aufsteigend, schmal angewachsen, entfernt. **SPORENPULVER** weiß. **STIEL** 3–6(–8) cm lang, 0,3–0,6 cm breit, lederblass, zylindrisch, sehr biegsam und elastisch, an der Basis striegelig. **FLEISCH** hell cremefarben, elastisch; Geschmack mild; mit schwachem Geruch nach Bittermandel. **VORKOMMEN** auf mäßig genutzten, höchstens schwach gedüngten Wiesenflächen und Weiden, seltener an grasigen Wegrändern, meist in Hexenringen. **VERWECHSLUNGEN** Verschiedene Arten giftiger **Feld-Trichterlinge** (26 B) unterscheiden sich durch weniger entfernte Lamellen, kaum elastisches Fleisch und nicht gekerbten Hutrand.

GIFTIGER DOPPELGÄNGER

Der **Brennende Rübling** (54 B) ist insgesamt gelber gefärbt, riecht schwach nach Essig und schmeckt nach längerem Kauen scharf. Er wächst meist in Wäldern und nicht in Hexenringen.

Fichtenzapfen-Nagelschwamm
Strobilurus esculentus

Dezember – Mai
auf Fichtenzapfen
Hut 1–3 cm

HUT erst gewölbt, dann flach, bisweilen gebuckelt, grau- bis dunkelbraun, auch heller; Haut jung feucht, kahl, matt. **LAMELLEN** ziemlich breit, fast gedrängt, angeheftet bis fast frei, weißlich bis blassgrau. **SPORENPULVER** weißlich. **STIEL** 2–8 cm lang, zäh, hohl, oft mit langer, faserig-filziger Wurzel auf Fichtenzapfen wurzelnd, erst weiß, später nach unten bräunlich. **FLEISCH** etwas zäh, weiß; Geruch schwach würzig; Geschmack mild. **WERT** guter Speisepilz, auch wenn das Sammeln der kleinen Hüte (die Stiele sind zu zäh) etwas mühsam ist. **VERWECHSLUNGEN** Auf Kiefernzapfen wachsen zwei ganz ähnliche, jedoch ungenießbare Nagelschwämme, der Milde *(Strobilurus stephanocystis)* und der Bittere Kiefernzapfen-Nagelschwamm *(Strobilurus tenacellus)*.

GIFTIGE DOPPELGÄNGER

Der giftige **Frühlings-Glöckling** (70 B) erscheint zur gleichen Zeit, ist aber größer und wächst nicht auf Fichtenzapfen. Hier wächst aber auch noch der ungenießbare **Fichtenzapfen-Helmling** (60 B). Er riecht nach Chlor.

Lungen-Seitling
Pleurotus pulmonarius

Juli – Oktober
an Laubholz (Buche)
Hut 2–8 cm

HUT muschel-, spatel- bis trichterförmig, weiß bis creme, im Alter und beim Trocknen etwas gilbend, glatt. **LAMELLEN** am Stiel herablaufend, gedrängt, weiß, alt von den Schneiden her etwas gilbend. **SPORENPULVER** weißlich mit Violettstich. **STIEL** 0,5–3 cm lang, 0,3–0,8 cm breit, exzentrisch bis seitlich sitzend, selten zentral oder fast fehlend, weißlich, meist büschelig. **FLEISCH** weiß, alt zäh; Geruch unspezifisch; Geschmack mild. **VORKOMMEN** an liegenden Stämmen von Buche, selten an anderem Laubholz. **WERT** sehr guter Speisepilz. **VERWECHSLUNGEN** Wird oft für die Sommerform vom **Austern-Seitling** (78 A) oder den ebenfalls ähnlichen Rillstieligen Seitling *(Pleurotus cornucopiae)* gehalten. Alle echten Seitlinge (Gattung *Pleurotus*) sind essbar.

GIFTIGER DOPPELGÄNGER

Auf den ersten Blick sehr ähnlich ist der **Ohrförmige Weißseitling** (64 B), dem ein Stiel vollkommen fehlt und der nur an morschem Nadelholz vorkommt.

Austern-Seitling, Austernpilz
Pleurotus ostreatus

Oktober – März
an Laubholz
Hut 5–15(–20) cm

HUT spatel- bis muschelförmig mit eingerolltem Rand, verschiedenfarbig, grau, graulila, graubraun, stahlgrau, blauschwärzlich; Haut glatt, glänzend. **LAMELLEN** am Stiel weit herablaufend, gedrängt, weiß, alt gelblich. **SPORENPULVER** lilagrau. **STIEL** 1–4 cm lang, dick, seitlich am Hut sitzend, oft fehlend oder nur schwach ausgebildet, weißlich, mit feinfilziger Basis, meist büschelig. **FLEISCH** jung weiß und weich, alt zäh; Geruch pilzartig; Geschmack mild. **VORKOMMEN** an Stümpfen und liegenden Stämmen von Laubhölzern, selten an Nadelholz. **WERT** vorzüglicher Speisepilz. **VERWECHSLUNGEN** Kann mit anderen ebenfalls essbaren Seitlingen verwechselt werden, insbesondere dem **Lungen-Seitling** (76 A). Die taubenblaue Varietät wird als var. *columbinus* bezeichnet.

UNGENIESSBARER DOPPELGÄNGER

Der ungenießbare **Gelbstielige Muschel-Seitling** (66 B) ist kleiner, hat von jung an einen gelbfilzigen Stiel, gelbe Lamellen
78 A und schmeckt nach längerem Kauen bitter.

Schild-Rötling
Entoloma clypeatum

(April) Mai – Juni
Hecken und Obstwiesen
Hut 4–8 cm

HUT jung konvex gewölbt, alt verflachend, mit stumpfem Buckel, graubraun, creme- bis horngrau, streifig abtrocknend und dann deutlich heller. **LAMELLEN** jung weiß, dann zunehmend rosafarben, aufsteigend angewachsen. **SPORENPULVER** rosa. **STIEL** 4–8 cm hoch, 0,5–1,2 cm breit, weißlich, zylindrisch. **FLEISCH** weiß, nicht verfärbend; Geschmack mild, Geruch und Geschmack mehlartig-gurkig. **VORKOMMEN** unter Schlehe in Hecken und an Waldrändern, seltener unter anderen Pflaumengewächsen, meist auf Kalkboden. **VERWECHSLUNGEN** Rötlinge sind allgemein schwer zu bestimmen und es gibt viele ähnliche Arten. Allerdings sind diese mit Ausnahme der sogenannten »Schlehen-Rötlinge« alles Arten des Sommers bis Herbstes. Der giftige April-Rötling *(Entoloma aprile)* wächst unter Ulme und ist dünnfleischiger.

GIFTIGER DOPPELGÄNGER

Besonders fatal wäre die Verwechslung mit dem **Riesen-Rötling** (72 B), der aber normalerweise später im Jahr vorkommt und eigentlich unter Eichen oder Buchen wächst.

Mehl-Räsling, Mehlpilz
Clitopilus prunulus

Juni – Oktober
Laub- und Nadelwald
Hut 3–12 cm

HUT jung gewölbt, später vertieft bis trichterförmig, mit oder ohne Buckel, weiß, weißgrau bis cremefarben, Rand lange eingerollt, später wellig verbogen; Haut zart filzig bereift, bei Regen leicht schmierig. **LAMELLEN** gedrängt, dünn, weit am Stiel herablaufend, weiß, alt fleischrosa verfärbend. **SPORENPULVER** rosa. **STIEL** 2–7 cm lang, dick, voll, nach oben hin erweitert, oft exzentrisch stehend, Basis weißfilzig. **FLEISCH** weich, aber schnittfest, zart, weiß; Geruch und Geschmack stark nach Mehl. **VORKOMMEN** auch an grasigen Stellen (Wiesen, Parkanlagen, Wegränder). **WERT** guter Mischpilz. **VERWECHSLUNGEN** Der Mehlgeruch (Name) und die rosa gefärbten und weit herablaufenden Lamellen sind wichtige Bestimmungsmerkmale.

GIFTIGE DOPPELGÄNGER
Der Mehl-Räsling kann mit dem **Feld-Trichterling** (26 B), dem **Bleiweißen Trichterling** (24 B), anderen weißhütigen Lamellenpilzen und dem ebenfalls rosasporigen **Riesen-Rötling** (72 B) verwechselt werden.

Rehbrauner Dachpilz, Hirschbrauner Dachpilz
Pluteus cervinus

Mai – November
an Laub- und Nadelholz
Hut 4–15 cm

HUT anfangs kegelig bis glockig, dann flach gewölbt, meist stumpf gebuckelt, grau- bis dunkelbraun, in der Mitte dunkler; Haut feucht glänzend, eingewachsen faserig. **LAMELLEN** gedrängt, breit, abgerundet, am Stiel frei, jung weißlich, später rosa bis lachsrötlich. **SPORENPULVER** fleischrosa. **STIEL** 5–12 cm lang, fleischig, voll, zylindrisch, weiß mit grauschwarzer Längsfaserung, an der Basis verdickt. **FLEISCH** dünn, weich, weiß; Geruch nach rohen Kartoffeln oder rettichartig; Geschmack etwas muffig. **VORKOMMEN** auf vermorschten Baumstümpfen, auch auf Holzabfällen. **WERT** essbar, aber mit dumpfem Geschmack. **VERWECHSLUNGEN** Der ähnliche, essbare Schwarzschneidige Dachpilz *(Pluteus atromarginatus)* hat schwarzbraune Lamellenschneiden.

GIFTIGE DOPPELGÄNGER

Der giftige **Grünlichgraue Dachpilz** (74 B) wächst nur an Laubholz, ist kleiner und heller. Der **Breitblättrige Rübling** (56 B) reißt bei Trockenheit vom Rand her strahlig ein und riecht nicht nach Kartoffeln oder Rettich.

Großer Scheidling
Volvariella gloiocephala (Volvariella speciosa)

Mai – November
Felder, Wiesen
Hut 5–12(–15) cm

HUT anfangs eiförmig bis glockig, bald ausgebreitet, später flach gewölbt, elfenbein- bis schmutzig weiß oder grauoliv, Mitte dunkler; Haut feucht schmierig, glatt, kahl. **LAMELLEN** ziemlich breit, frei, jung weißlich, später fleischrötlich, zuletzt bräunlich. **SPORENPULVER** rosa. **STIEL** 8–15 cm lang, bis 2 cm breit, nach oben verjüngt, kahl, voll, weißlich; ohne Ring; Basis verdickt und von einer schlaffen, unregelmäßig lappigen, weißlichen Scheide umgeben, die oft tief im Boden steckt. **FLEISCH** weiß; Geruch und Geschmack rettichartig. **VORKOMMEN** oft in großen Mengen auch auf Pflanzenabfällen in Gärten und auf Äckern. **WERT** Mischpilz. **VERWECHSLUNGEN** Ähnliche essbare Egerlings-Arten haben einen Ring, die anderen Scheidlings-Arten sind entweder kleiner oder haben eine braune Volva.

GIFTIGE DOPPELGÄNGER
Wegen der großen Ähnlichkeit mit giftigen weißhütigen Knollenblätterpilzen, wie dem **Kegelhütigen** (78 B) und dem **Grünen Knollenblätterpilz** (76 B) am besten nicht sammeln!

Kaiserling
Amanita caesarea

Juli – Oktober
Laubwald
Hut 8–15(–20) cm

HUT jung kugelig bis eiförmig und von einer weißen Hülle umgeben, alt flach ausgebreitet, rot, orangegelb bis goldgelb, Rand deutlich gerieft; Haut glänzend, glatt. **LAMELLEN** frei bis schmal angewachsen, gedrängt, blass- bis goldgelb. **SPORENPULVER** weiß. **STIEL** 8–16 cm lang, fleischig, ausgestopft bis hohl, nach unten verdickt, zitronengelb; Ring weit, schlaff herabhängend, oberseits fein gerieft, gelb, Scheide weiß, weit, dauerhaft, dickhäutig. **FLEISCH** gelblich weiß; geruchlos; Geschmack mild, nussartig. **VORKOMMEN** wärmeliebende Art, in Mitteleuropa selten, geschützt. **WERT** sehr guter Speisepilz. **VERWECHSLUNGEN** Der essbare Gold-Täubling *(Russula aurea)* hat ebenfalls gelbe Lamellen, jedoch einen eher ziegelroten Hut und keinen Ring.

GIFTIGER DOPPELGÄNGER

Der allgemein bekannte **Fliegenpilz** (82 B) hat einen weißen Stiel und weiße Lamellen. Wenn seine Velumflocken vom Regen abgewaschen sind, wächst allerdings die Verwechslungsgefahr mit dem Kaiserling.

Perlpilz, Rötender Wulstling
Amanita rubescens

Juni – Oktober
Laub- und Nadelwald
Hut 5–15 cm

HUT anfangs halbkugelig, später flach ausgebreitet bis abgeflacht, schmutzig-, braun- oder fleischrötlich bis bräunlich mit flachen, grauweißen bis graurötlichen, abwischbaren Hüllresten; Haut leicht abziehbar. **LAMELLEN** ziemlich breit, frei, weich, dicht gedrängt, weiß, im Alter rötlich gefleckt. **SPORENPULVER** weiß. **STIEL** 8–15 cm lang, kräftig, weiß, später rötlich weiß; Ring fein gerieft, weiß, häutig, herabhängend; Knolle kräftig, oft mit Warzengürtel. **FLEISCH** zart, weiß, an Fraßstellen und in Madengängen wein- bis braunrötlich anlaufend; geruchlos; Geschmack herb kratzend. **VORKOMMEN** auch in Parkanlagen. **WERT** roh giftig, gut erhitzen! **VERWECHSLUNGEN** Er ist mit anderen braunrötlichen Wulstlingen zu verwechseln.

GIFTIGE DOPPELGÄNGER

Ähnlichkeit haben der **Königs-Fliegenpilz** (84 B), der **Pantherpilz** (80 B) und der **Porphyrbraune Wulstling** (90 B), die allerdings nicht röten. Wer Wulstlinge sammelt, muss sich in der Gattung *Amanita* sehr gut auskennen!

Grauer Wulstling, Gedrungener Wulstling

Amanita excelsa (Amanita spissa)

Juni – Oktober
Laub- und Nadelwald
Hut 6–14 cm

HUT jung halbkugelig, später flach gewölbt, hell- bis graubraun, Hüllreste grauweißlich, Rand glatt, nur im Alter bisweilen schwach gerieft. **LAMELLEN** frei, gedrängt stehend, breit, weich, weiß. **SPORENPULVER** weiß. **STIEL** 8–12 cm lang, 1,5–2 cm breit, zylindrisch, jung weiß, bald mehr oder weniger grau; Ring gerieft, weiß bis grau; Knolle ungerandet, nach oben allmählich in den Stiel übergehend, mit undeutlichen Schuppengürteln. **FLEISCH** weiß, unter der Hutmitte grau; Geruch und Geschmack rettich- oder rübenartig. **WERT** Mischpilz, wenig schmackhaft. **VERWECHSLUNGEN** Auf Grund seiner großen Variabilität im Aussehen ist der Graue Wulstling sehr leicht mit anderen giftigen und essbaren braunhütigen Wulstlingen zu verwechseln.

GIFTIGE DOPPELGÄNGER

Der Graue Wulstling sollte wegen der großen Verwechslungsgefahr mit giftigen Arten wie dem **Pantherpilz** (80 B), dem **Königs-Fliegenpilz** (84 B) und dem **Porphyrbraunen Wulstling** (90 B) nicht gesammelt werden!

Riesen-Scheidenstreifling
Amanita ceciliae (Amanita inaurata)

Juni – Oktober
Laubwald
Hut 10–15(–25) cm

HUT jung eiförmig, später gewölbt bis ausgebreitet, bräunlich, gelb- bis graubraun, mit vielen ablösbaren, grau gefärbten, dicken Hüllresten besetzt, Rand stark gerieft; Haut feucht leicht schmierig. **LAMELLEN** breit, am Stiel frei, gedrängt, weiß. **SPORENPULVER** weiß. **STIEL** 10–20 cm lang, nach oben verjüngt, ausgestopft, bald hohl, weißlich bis blassbraun, feinflockig, bänderartig genattert; Ring fehlt; Basis mit zwei bis drei gürtelartigen Ringzonen, ohne Scheide. **FLEISCH** brüchig, zart, weißlich; ohne besonderen Geruch und Geschmack. **WERT** Mischpilz, nicht roh verzehren! **VERWECHSLUNGEN** Mit ähnlichen Scheidenstreiflingen zu verwechseln, die jedoch kleiner sind. Alle Scheidenstreiflinge sind gut erhitzt essbar.

GIFTIGE DOPPELGÄNGER

Die Art ist an Gestalt (ohne Ring, Basis mit 2–3 Ringzonen) und Größe gut erkennbar. Trotzdem kann sie mit giftigen Wulstlingen, insbesondere dem **Königs-Fliegenpilz** (84 B) verwechselt werden.

Grauer Scheidenstreifling
Amanita vaginata

Juli – September
Laub- und Nadelwald
Hut 4–12 cm

HUT kegelig bis glockig, später gewölbt bis flach ausgebreitet, mit Buckel, asch-, hell- oder dunkelgrau, meist ohne Hüllreste, Rand stark gerieft; Haut glatt, feucht schmierig. **LAMELLEN** frei, gedrängt, weiß. **SPORENPULVER** weiß. **STIEL** 6–15 cm lang, 0,5–1,5 cm breit, nach oben verjüngt, hohl, weiß bis schmutzig grau, mehr oder weniger genattert oder feinflockig; ohne Ring; Scheide weißlich, steckt dem Stiel anliegend im Boden. **FLEISCH** weich, brüchig, weiß; ohne besonderen Geruch und Geschmack. **WERT** gut erhitzt essbar, roh giftig! **VERWECHSLUNGEN** Relativ leicht mit einer der vielen weiteren grauhütigen Scheidenstreiflingsarten zu verwechseln, die jedoch gut gekocht alle essbar sind.

GIFTIGE DOPPELGÄNGER

Mit giftigen Wulstlingen, wie dem **Kegelhütigen Knollenblätterpilz** (78 B) und dem **Grünen Knollenblätterpilz** (76 B), die beide jedoch einen Ring haben, sowie insbesondere dem **Pantherpilz** (80 B), dessen Ring oft hinfällig ist oder fehlt.

Orangegelber Scheidenstreifling
Amanita crocea

Juni – November
Laub- und Nadelwald
Hut 6–12 cm

HUT kegelig bis glockig, später gewölbt bis flach ausgebreitet, mit Buckel, orangefarben, orangegelb oder orangebraun, selten mit weißen Hüllresten, Rand gerieft; Haut feucht schmierig, trocken glatt, kahl. **LAMELLEN** am Stiel frei, gedrängt, weiß. **SPORENPULVER** weiß. **STIEL** 10–15 cm lang, 1–2 cm breit, nach oben verjüngt, alt hohl, zerbrechlich, hutfarben, fein genattert; ohne Ring; Scheide hoch, lappig, außen weißlich, innen hutfarben. **FLEISCH** zart, brüchig, weiß; ohne besonderen Geruch und Geschmack. **VORKOMMEN** auf sauren Böden, vor allem bei Birken. **WERT** essbar, roh giftig! **VERWECHSLUNGEN** Kann mit ähnlichen Scheidenstreiflingen verwechselt werden, die jedoch alle gut gekocht essbar sind.

GIFTIGE DOPPELGÄNGER

Ähnlich gefärbt sind der giftige **Narzissengelbe Wulstling** (88 B) und der Isabellfarbene Wulstling *(Amanita eliae)*. Da sie einen vergänglichen Stielring haben, können sie bei Verlust desselben leicht verwechselt werden.

Dünnfleischiger Anis-Egerling
Agaricus sylvicola

Juli – November
Laub- und Nadelwald
Hut 5–10(–12) cm

HUT jung halbkugelig, später flach ausgebreitet, cremeweiß, später braungelb, Scheitel gelblich, beim Reiben chromgelb; Haut matt, seidig-faserig, teilweise abziehbar. **LAMELLEN** frei, dicht stehend, jung grauweiß, dann rosa bis graurosa, alt schwarzviolett. **SPORENPULVER** purpurbraun. **STIEL** 5–8(–10) cm lang, 1–1,5 cm breit, hohl, am Grunde meist knollig verdickt; Ring groß, häutig, hängend, vergänglich. **STIEL** unterhalb des Rings flaumig-faserig, weiß, bei Druck gilbend, die Basis nur schwach knollig verdickt. **FLEISCH** dünn, weiß, weder gilbend noch rötend; Geruch und Geschmack nach Anis. **WERT** guter Speisepilz, aber oft mit Cadium belastet. **VERWECHSLUNGEN** Verwechselbar mit ähnlichen gilbenden und nach Anis riechenden Egerlingen, die essbar sind, solange die Stielbasis nicht chromgelb anläuft.

GIFTIGE DOPPELGÄNGER

Vorsicht vor Verwechslungen mit den sehr giftigen, weißhütigen **Knollenblätterpilzen** (76 B, 78 B) und dem unangenehm rie-
 chenden, ungenießbaren **Karbol-Egerling** (92 B).

Wiesen-Egerling, Wiesen-Champignon
Agaricus campestris

Juni – Oktober
Wiesen, Weiden, Äcker
Hut 3–12 cm

HUT jung halbkugelig, später flach gewölbt, weiß, im Alter auch etwas bräunlich; Haut seidig matt oder feinschuppig, abziehbar, am Rand überstehend. **LAMELLEN** jung rosa, im Alter schokoladenbraun, frei. **SPORENPULVER** purpurbraun. **STIEL** 5–7 cm lang, 1–2 cm breit, zylindrisch, weißlich; Basis meist verjüngt; Ring weiß, dünn, hängend, vergänglich. **FLEISCH** weiß, nahe den Lamellen und in der Stielbasis schwach rosa; Geruch und Geschmack angenehm nussartig. **VORKOMMEN** extensiv genutzte Wiesen und Weiden, früher häufig, heute selten geworden. **WERT** guter Speisepilz. **VERWECHSLUNGEN** Einige oftmals sehr ähnliche ungenießbare oder giftige Egerlingsschirmlinge (*Leucoagaricus*) haben weißes Sporenpulver.

GIFTIGE DOPPELGÄNGER

Der unangenehm riechende **Karbol-Egerling** (92 B) kann an denselben Plätzen erscheinen. Die tödlich giftigen weißen **Knollenblätterpilze** (76 B, 78 B) wachsen kaum auf Wiesen, ihre Lamellen bleiben bis ins Alter weiß.

Stadt-Egerling, Stadt-Champignon
Agaricus bitorquis

Mai – Oktober
Straßen- und Wegränder
Hut 4–10(–15) cm

HUT auffallend abgeflacht, Mitte niedergedrückt, weißlich bis grauweiß, bisweilen rissig und gilbend, oft mit Erdresten bedeckt, Rand lange eingerollt, die Lamellen überragend. **LAMELLEN** frei, sehr dicht stehend, jung fleischrosa, alt gräulich, zuletzt schokoladenbraun. **SPORENPULVER** purpurbraun. **STIEL** 3–6 cm lang, 1,5–2 cm breit, hart, weiß, nicht rötend; mit häutigem Ring, darunter 1–2 scheidenähnliche Gürtel; Basis nicht verdickt. **FLEISCH** sehr fest, weiß, im Schnitt etwas rosa; Geruch angenehm; Geschmack mild, nussartig. **WERT** guter Speisepilz, in Städten jedoch oft mit Schadstoffen belastet. **VERWECHSLUNGEN** Der Standort und der Stiel mit der doppelten Gürtelzone sind wichtige Bestimmungshilfen.

GIFTIGE DOPPELGÄNGER

Karbol-Egerlinge (92 B) haben beim Reiben einen unangenehmen Geruch nach Karbol, die Basis wird beim Reiben innen chromgelb. Weiße **Knollenblätterpilze** (76 B, 78 B) haben auch im Alter weiße Lamellen.

Safran-Grünsporschirmling
Chlorophyllum olivieri

Juli – November
Nadel-, seltener Laubwald
Hut 7–15 cm

HUT anfangs eiförmig bis halbkugelig, später ausgebreitet, ohne Buckel, hellbrauner Grund mit sparrig abstehenden, bisweilen fast konzentrisch angeordneten aufgebogenen Schuppen, Mitte glatt, bräunlich. **LAMELLEN** frei, gedrängt, weiß, bei Berührung und Druck rötlich verfärbend. **SPORENPULVER** weiß. **STIEL** 10–15(–20) cm lang, 1–2 cm breit, zylindrisch, ausgestopft, alt hohl, weißlich-bräunlich, alt rotbraun, glatt, nicht genattert; Ring wattig-schwammig; Basis weißlich mit Knolle. **FLEISCH** zart, weiß, im Schnitt safranfarben bis orangerot, später bräunlich verfärbend; Geruch und Geschmack angenehm. **VORKOMMEN** Wälder, aber auch in Gärten. **WERT** essbar, aber nicht so gut wie der **Parasol** (108 A). **VERWECHSLUNGEN** mit dem nicht rötenden **Parasol** (108 A) und anderen Grünsporschirmlingen verwechselbar.

GIFTIGER DOPPELGÄNGER

Der sehr seltene, wärmeliebende **Gift-Grünsporschirmling** (94 B) sieht ähnlich aus, hat aber gröbere Hutschuppen. Wer sich
106 A nicht ganz sicher ist, sollte auf rötende Schirmpilze verzichten!

Parasol, Riesenschirmpilz
Macrolepiota procera

Juli – Oktober
Laub- und Nadelwald
Hut 10–25(–40) cm

HUT jung einem Paukenschlegel ähnlich, später flach mit Buckel, hellbraun mit sparrig abstehenden, bräunlichen Schuppen, Mitte braun, glatt. **LAMELLEN** frei, sehr gedrängt, weich, weiß bis cremefarben. **SPORENPULVER** weiß. **STIEL** 15–30(–40) cm lang, bis 2 cm breit, faserig, zäh, hohl, hellbräunlich mit brauner Natterung; Ring groß, doppelschichtig, am Rand flockig, verschiebbar; Basis knollig verdickt (bis 5 cm). **FLEISCH** weich, zart, im Stiel zäh, weißlich, im Schnitt nicht verfärbend; Geruch und Geschmack angenehm nussartig. **VORKOMMEN** in lichten Laub- und Nadelwäldern, auf Lichtungen, Heiden. **WERT** guter Speisepilz. **VERWECHSLUNGEN** Kann mit anderen großen und gleich gefärbten Riesenschirmlingen verwechselt werden.

GIFTIGE DOPPELGÄNGER

Der **Spitzschuppige Stachelschirmling** (98 B) ist kleiner und riecht widerlich. Der sehr seltene **Gift-Grünsporschirmling** (94 B) wächst in wärmeren Gegenden in Gärten auf gut gedüngten Böden. Sein Fleisch rötet im Schnitt.

Schopf-Tintling, Spargelpilz
Coprinus comatus

Mai – November
grasige Plätze
Hut 3–6 cm

HUT 6–12(–18) cm hoch, zylindrisch bis walzenförmig, jung weiß, später schmutzig weiß mit groben, weichen, abstehenden Schuppen, Scheitel bräunlich, im Alter vom Rand her aufgerollt und schnell tintenartig zerfließend. **LAMELLEN** frei, breit, sehr dicht stehend, anfangs weiß, bald rosafarben, zuletzt tiefschwarz tintenartig zerfließend. **SPORENPULVER** schwarz. **STIEL** 6–15 cm lang, bis 2 cm breit, hohl, faserig, weiß; mit schmalem, beweglichem, leicht vergänglichem, zartem Ring; Basis verdickt. **FLEISCH** weich, dünn, jung weiß; Geruch und Geschmack angenehm. **VORKOMMEN** truppweise an grasigen Plätzen, in Gärten, Parkanlagen und an Waldwegen. **WERT** jung guter Speisepilz. **VERWECHSLUNGEN** Der Pilz ist kaum verwechselbar.

UNGENIESSBARER DOPPELGÄNGER

Mit Giftpilzen aufgrund seines Aussehens und seiner Größe kaum zu verwechseln. Der mit Alkohol giftige **Graue Falten-Tintling** (106 B) kommt an den gleichen Stellen vor, besitzt aber einen dunkler gefärbten, faltigen und eiförmigen Hut.

Messing-Klumpfuß, Strohgelber Klumpfuß
Cortinarius elegantior

August – November
Nadelwald
Hut 8–15 cm

HUT halbkugelig bis polsterförmig, alt verflachend, olivlich-gelbbraun, mit dunkleren Flecken in der Mitte, feucht sehr schleimig. **LAMELLEN** oliv- bis gelbgrünlich, zunehmend rostbräunlich, aufsteigend angewachsen. **SPORENPULVER** rostbraun. **STIEL** 5–12 cm lang, 1,5–3 cm breit, die abgesetzt gerandete Knolle bis 4 cm breit, hell bräunlich- bis strohgelb, längs überfasert, mit von den Sporen rostig gefärbter Faserzone. **FLEISCH** blass olivgelb, in der Stielknolle mit Lauge rosa; Geschmack mild; schwach nach Malz riechend. **VORKOMMEN** in Fichtenwäldern auf Kalkboden. **VERWECHSLUNGEN** Es gibt eine nahezu unüberschaubare Menge an essbaren, ungenießbaren und giftigen Schleierlingen, von denen viele dem Messing-Klumpfuß ähnlich sehen. Das Sammeln solcher Pilze setzt große Erfahrung voraus!

GIFTIGER DOPPELGÄNGER

Der tödlich giftige **Leuchtendgelbe Klumpfuß** (114 B) und weitere nahe verwandte Arten sind wesentlich lebhafter chromgelb gefärbt, insbesondere im Fleisch.

112 A

Semmelgelber Schleimkopf
Cortinarius varius

Juli – Oktober
Nadelwald
Hut 5–12 cm

HUT erst halbkugelig, später gewölbt bis abgeflacht, fleischig, semmelgelb, hellbraun bis fuchsig, Rand dünn, jung eingerollt, faserig behangen; Haut glatt, kahl, feucht schmierig, trocken glänzend. **LAMELLEN** ausgebuchtet bis angewachsen, eng stehend, jung schön lilafarben, alt vom Sporenstaub braun. **SPORENPULVER** rostbraun. **STIEL** 5–8(–12) cm lang, voll, faserig oder flockig, Basis keulig verdickt, weißlich; Schleierfäden verbinden anfangs die Huthaut mit dem Stiel, später bilden sie eine Ringzone, die vom Sporenstaub rostbraun gefärbt ist. **FLEISCH** fest, weißlich; Geruch und Geschmack unbedeutend. **VORKOMMEN** auf Kalkböden. **WERT** Mischpilz. **VERWECHSLUNGEN** Es gibt viele ähnliche giftige und ungenießbare Arten.

GIFTIGE DOPPELGÄNGER

Neben tödlich giftigen Arten wie dem **Leuchtendgelben Klumpfuß** (114 B) gibt es noch viele weitere giftige Schleierlinge. Auch **Fälblinge** (122 B, 124 B) können manchmal ähnlich aussehen.

Schleiereule, Blaugestiefelter Schleimkopf
Cortinarius praestans

August – Oktober
Laubwald
Hut 5–25(–30) cm

HUT erst halbkugelig, dann gewölbt, schließlich ausgebreitet, jung schmierig, glatt, braunviolett bis rotbraun, besonders zum Rand hin mit weißen, flockigen Velumresten, Rand lange nach unten gebogen. **LAMELLEN** angewachsen, schmal, dicht stehend, weißlich bis blassgrau, alt ockerbraun. **SPORENPULVER** rostbräunlich. **STIEL** 10–20 cm lang, 2–3 cm breit, voll, fest, weißlich bis blassviolett, faserig, jung mit Schleier, der später als ringförmige Zone bleibt; Basis bauchig bis knollig. **FLEISCH** fest, dick, weiß, unter der Huthaut gelblich; Geruch angenehm; Geschmack mild. **VORKOMMEN** in wärmebegünstigten Laubwäldern. **WERT** guter Speisepilz. **VERWECHSLUNGEN** Der Pilz ist aufgrund von Größe und Färbung relativ leicht zu erkennen.

GIFTIGE DOPPELGÄNGER

Junge Fruchtkörper können mit dem **Bocks-Dickfuß** (116 B) verwechselt werden, der aber safrangelbes Fleisch hat und unangenehm riecht. Ähnlich ist auch der Purpurfleckende Klumpfuß *(Cortinarius purpurascens)*.

Heide-Schleimfuß, Brotpilz
Cortinarius mucosus

August – Oktober
Kiefernwald
Hut 4–10 cm

HUT gewölbt bis ausgebreitet, gelblich braun, orange- bis rotbraun mit dunklerer Mitte, Rand lange eingebogen; Haut sehr schleimig, glänzend. **LAMELLEN** am Stiel ausgebuchtet angewachsen, jung ockerfarben, später zimtbraun. **SPORENPULVER** rostbräunlich. **STIEL** zylindrisch bis zugespitzt, weiß, mit Schleimüberzug und brauner Gürtelzone. **FLEISCH** dick, weißlich, im Stiel bald bräunlich; ohne besonderen Geruch und Geschmack. **VORKOMMEN** gesellig in sandigen Kiefernwäldern. **WERT** Mischpilz. **VERWECHSLUNGEN** Der Heide-Schleimfuß könnte an seinem Standort relativ leicht mit dem Bittersten Schleimfuß *(Cortinarius vibratilis)* verwechselt werden. Hier bringt jedoch eine Geschmacksprobe eine schnelle Entscheidung!

GIFTIGE DOPPELGÄNGER

Wenn die Art etwas abgetrocknet und nicht mehr schleimig ist, dann kann sie mit vielen weiteren, teils giftigen Schleierlingen verwechselt werden oder auch mit braunen Ritterlingen wie

118 A dem **Brandigen Ritterling** (46 B).

Reifpilz, Zigeuner
Cortinarius caperatus

Juli – Oktober
Nadelwald
Hut 6–12(–15) cm

HUT jung halbkugelig bis glockig, dann gewölbt, alt ausgebreitet, mit stumpfem Buckel, blassgelb, semmelfarben, schon beim jungen Pilz silbrig bereift mit lila Ton, alt besonders zum Rand hin runzelig oder strahlig gerippt und zerrissen. **LAMELLEN** am Stiel ausgebuchtet angewachsen, gedrängt, breit, jung blass, dann tonbraun. **SPORENPULVER** braungelb. **STIEL** 5–10(–15) cm lang, 1–2 cm breit, schmutzig weiß, seidig-faserig gestreift, voll; Ring dauerhaft, schmal, häutig, blassgelb, oberseits gerieft. **FLEISCH** weich, im Stiel faserig, weißlich, gelblich; Geruch schwach; Geschmack angenehm. **VORKOMMEN** gerne zwischen Heidelbeeren, auf sauren Böden. **WERT** guter Speisepilz. **VERWECHSLUNGEN** An Hut und Stielring gut kenntlich.

GIFTIGE DOPPELGÄNGER

Der **Bocks-Dickfuß** (116 B) riecht unangenehm und hat zumindest jung deutlichere Violetttöne. Schleierlinge *(Cortinarius)* haben allenfalls eine faserige Ringzone. Der **Riesen-Rötling** (72 B) hat keinen Stielring.

Stockschwämmchen
Kuehneromyces (Pholiota) mutabilis

Mai – Dezember
an Laubholz
Hut 3–6 cm

HUT jung gewölbt, später flach, stumpf gebuckelt, kahl, glatt, glänzend, fettig, feucht gelbbraun bis zimtfarben, mit dunklerer Randzone, bei Trockenheit honiggelb ausblassend. **LAMELLEN** gedrängt, dünn, breit angewachsen, am Stiel etwas herablaufend, erst hell-, später rostbraun. **SPORENPULVER** rostbraun. **STIEL** 3–8 cm lang, bis 0,6 cm breit, zylindrisch, zäh, hohl, gelbbräunlich, unterhalb des kleinen flüchtigen Rings mit feinen, sparrig abstehenden dunkelbraunen Schüppchen (typisch!). **FLEISCH** weich, dünn, im Stiel zäh; Geruch angenehm würzig; Geschmack mild. **VORKOMMEN** meist büschelig an Laubholz. **WERT** guter Speisepilz. **VERWECHSLUNGEN** Der essbare **Wässrige Mürbling** (124 A) hat einen weißen, ringlosen Stiel.

GIFTIGE DOPPELGÄNGER

Der gefährliche **Gift-Häubling** (132 B) riecht nach Mehl, sein Stiel ist ohne sparrige Schüppchen (!) und unterhalb des flüchtigen Rings weißlich überfasert. Der **Geflecktblättrige Flämmling** (130 B) hat rostgelbe Lamellen und einen ebensolchen Stiel.

Wässriger Mürbling
Psathyrella piluliformis

August – November
an Laubholz
Hut 2–6 cm

HUT jung halbkugelig bis glockig, später gewölbt bis flach ausgebreitet, feucht dunkel rotbraun, trocken gelb- bis ockerbraun, oft gerunzelt, Rand mit häutigen, vergänglichen Velumresten. **LAMELLEN** am Stiel angewachsen, mäßig gedrängt, erst weißlich, bald grau- bis dunkelbraun. **SPORENPULVER** dunkelbraun. **STIEL** 4–8(–10) cm lang, 0,3–0,7 cm breit, zylindrisch, hohl, zerbrechlich, weißlich, zur Basis hin bräunlich; ohne Ring. **FLEISCH** dünn, sehr zerbrechlich, weiß; Geruch und Geschmack unbedeutend. **VORKOMMEN** oft in großen Büscheln, gern an Buchenstümpfen. **WERT** geringwertiger Mischpilz. **VERWECHSLUNGEN** Das **Stockschwämmchen** (122 A) besitzt einen deutlich braunschuppigen und beringten Stiel.

GIFTIGE DOPPELGÄNGER

Der **Ziegelrote Schwefelkopf** (140 B) zeichnet sich durch größere, deutlich ziegelrote Hüte aus, der **Gift-Häubling** (132 B) durch einen silbrig überfaserten Stiel mit deutlicher Ringzone und durch rostbraune Lamellen.

Rauchblättriger Schwefelkopf
Hypholoma capnoides

September – Dezember
an Nadelholz
Hut 2–6 cm

HUT erst gewölbt, dann flach, bisweilen leicht gebuckelt, blassgelb, Mitte fuchsig rötlich- bis bräunlich gelb, Rand mit dünnen, vergänglichen, erst weißen, dann dunkelbraunen Schleierresten; Haut glatt. **LAMELLEN** angeheftet, kaum gedrängt, jung weißlich, bald graugelblich, alt grauviolett, ohne Grüntöne. **SPORENPULVER** lilagrau. **STIEL** 5–8 cm lang, 0,3–0,7(–1,5) cm breit, hohl, zäh, oft gebogen, oben weißlich bis hellgelb, abwärts gelb- bis rostbraun. **FLEISCH** weich, dünn, im Stiel zähfaserig, weißlich; Geruch angenehm; Geschmack mild. **VORKOMMEN** auch bis ins Frühjahr hinein büschelig an Nadelholz. **WERT** sehr guter Speisepilz (nur Hüte). **VERWECHSLUNGEN** Der **Ziegelrote Schwefelkopf** (140 B) hat größere, ziegelrote Hüte.

GIFTIGE DOPPELGÄNGER
Kann leicht mit dem giftigen **Grünblättrigen** (138 B) oder dem **Ziegelroten Schwefelkopf** (140 B) verwechselt werden. Hier hilft eine kleine Geschmacksprobe, denn die giftigen Doppelgänger schmecken äußerst bitter!

Frauen-Täubling
Russula cyanoxantha

Juni – Oktober
Laub- und Nadelwald
Hut 6–15 cm

HUT jung halbkugelig, später flach ausgebreitet und niedergedrückt, violett bis grüngelb und in allen Mischungen dieser Farben, Rand jung eingebogen; Haut zur Hälfte abziehbar, feucht schmierig, glänzend. **LAMELLEN** ziemlich gedrängt, weich, speckig anzufühlen, biegsam (eine Ausnahme bei Täublingen!), weiß. **SPORENPULVER** weiß. **STIEL** 5–10 cm lang, 1,5–2,5 cm dick, zylindrisch, voll, fest, alt etwas schwammig, weiß, bisweilen blasslila oder rötlich überhaucht. **FLEISCH** fest, weiß, unter der Huthaut rosaviolett durchgefärbt; geruchlos; Geschmack mild und angenehm. **WERT** vorzüglicher Speisepilz. **VERWECHSLUNGEN** Kann mit anderen grünhütigen Täublingen verwechselt werden, die Lamellen des Frauen-Täublings splittern jedoch nicht.

GIFTIGER DOPPELGÄNGER

Der auf den ersten Blick sehr ähnliche **Grüne Knollenblätterpilz** (76 B) hat eine dicke Basalknolle, die Basis steckt in einer lappigen Scheide und der Stiel trägt einen häutigen Ring. Außerdem lässt sich seine Huthaut komplett bis zur Mitte abziehen.

128 A

Grüngefelderter Täubling
Russula virescens

Juli – Oktober
Laub- und Nadelwald
Hut 6–15 cm

HUT anfangs halbkugelig, dann gewölbt, im Alter ausgebreitet, Mitte oft niedergedrückt, hell- bis blaugrün, frühzeitig feldrig aufgerissen, in den Rissen weißgelblich, alt oft schmutzig gelb; Haut zur Hälfte abziehbar. **LAMELLEN** gedrängt stehend, spröde, erst weiß, dann cremefarben, oft bräunlich gefleckt. **SPORENPULVER** weißlich. **STIEL** 3–9 cm lang, 2–2,5 cm breit, fest, voll, zylindrisch oder unregelmäßig verdickt, runzelig, weißlich; an der Basis oft bräunlich gefleckt. **FLEISCH** hart, brüchig, trocken, weißlich, etwas bräunlich verfärbend; Geruch schwach; Geschmack mild. **WERT** guter Speisepilz. **VERWECHSLUNGEN** Er ist mit anderen, grünhütigen Täublingen zu verwechseln. Alle mild schmeckenden Täublinge sind essbar.

GIFTIGER DOPPELGÄNGER

Der gefährlichste Doppelgänger des Grüngefelderten Täublings ist der **Grüne Knollenblätterpilz** (76 B), der jedoch neben einer komplett abziehbaren Huthaut eine knollige, bescheidete Stielbasis besitzt und einen Ring am Stiel trägt.

130 A

Ocker-Täubling
Russula ochroleuca

Juli – November
Laub- und Nadelwald
Hut 6–9(–12) cm

HUT erst gewölbt, dann ausgebreitet, in der Mitte niedergedrückt, gelb, ockergelb, bisweilen olivfarben getönt, Rand alt oft höckerig gefurcht; Haut feucht schmierig bis klebrig, trocken kahl, glatt. **LAMELLEN** abgerundet angewachsen, ziemlich gedrängt, dünn, weißlich, später gelblich weiß mit braunen Flecken. **SPORENPULVER** cremeweiß. **STIEL** 5–9 cm lang, bis 2,5 cm breit, fleischig, kompakt, weiß bis gelbweiß, alt mehr oder weniger grau. **FLEISCH** jung fest, weißlich, alt weich, schwammig; Geruch schwach; Geschmack meist etwas scharf (die Schärfe verliert sich beim Kochen). **VORKOMMEN** in Nadel- und Laubwäldern. **WERT** Mischpilz. Da sein Geschmack variieren kann, lassen viele Sammler diesen wenig schmackhaften Pilz stehen.

GIFTIGER DOPPELGÄNGER
Der täuschend ähnliche **Gallen-Täubling** (152 B) kommt vorwiegend unter Buchen vor und ist in Nadelwäldern sehr selten. Er hat einen auffälligen süßlich obstartigen Geruch und schmeckt brennend scharf.

Wiesel-Täubling
Russula mustelina

Juli – Oktober
Berg-Nadelwald
Hut 8–15 cm

HUT jung halbkugelig, bald flach, alt etwas vertieft, gelb- bis nussbraun, Rand jung glatt, alt gerieft. **LAMELLEN** weißlich bis hell cremefarben, brüchig, mäßig entfernt, (fast) ohne kürzere Zwischenlamellen. **SPORENPULVER** cremefarben. **STIEL** 4–10(–12) cm lang, 1–2 cm breit, schmutzig weißlich bis blass cremefarben, glatt, zylindrisch, alt hohl werdend. **FLEISCH** weißlich, brüchig; Geschmack mild nussig; ohne spezifischen Geruch. **VORKOMMEN** montaner Nadelwald, vor allem unter Fichte, meist auf saurem Boden. **VERWECHSLUNGEN** Der Wiesel-Täubling sieht dem **Fichten-Steinpilz** (12 A) von oben betrachtet so täuschend ähnlich, dass er oft zuerst für diesen gehalten wird. Meist wird er dann liegen gelassen, weil viele Speisepilzsammler ihn nicht kennen.

GIFTIGER DOPPELGÄNGER

Ältere **Stink-Täublinge** (150 B) sehen sehr ähnlich aus, unterscheiden sich aber neben dem stark unangenehmen Geruch auch durch scharfen Geschmack.

Speise-Täubling
Russula vesca

(Mai) Juli – Oktober
Laub- und Nadelwald
Hut 6–10 cm

HUT jung halbkugelig, dann gewölbt bis ausgebreitet, Mitte bald niedergedrückt, fleischrötlich bis bräunlich; Haut feucht schmierig-glänzend, trocken, matt, zur Hälfte abziehbar, Oberhaut später vom Rand 1–2 mm zurückgezogen. **LAMELLEN** am Stiel angewachsen oder etwas herablaufend, eng stehend, dünn, kaum splitternd, weißlich, später rostfleckig. **SPORENPULVER** weiß. **STIEL** 3–8 cm lang, 1–2,5 cm breit, fest, voll, alt schwammig, weiß, oft rostfleckig; Basis verjüngt, meist kurz zugespitzt. **FLEISCH** fest, weiß; fast geruchlos; Geschmack süßlich, nussartig. **VORKOMMEN** gern unter Buchen und Fichten. **WERT** sehr guter Speisepilz. **VERWECHSLUNGEN** Die relativ elastischen Lamellen bilden eine Ausnahme unter den Täublingen.

GIFTIGE DOPPELGÄNGER

Der sehr scharf schmeckende Buchen-Spei-Täubling *(Russula nobilis)* hat, wie andere nahe verwandte Spei-Täublinge, einen kirschroten Hut. Typisch beim Speise-Täubling ist auch die um 1–2 mm zurückgezogene Huthaut.

Apfel-Täubling
Russula paludosa

Juni – Oktober
Nadelwald
Hut 6–15 cm

HUT erst halbkugelig, dann gewölbt bis ausgebreitet, später flach niedergedrückt, leuchtend scharlach- bis braunrot, alt ausblassend, Rand alt gerieft; Haut glänzend, schmierig, bis zwei Drittel abziehbar. **LAMELLEN** jung gedrängt, später entfernt stehend, dünn, leicht splitternd, weiß bis sahnegelb. **SPORENPULVER** ocker. **STIEL** 6–10(–15) cm lang, bis 3 cm breit, zylindrisch, fleischig, voll, fest, alt schwammig, weiß, oft rötlich angehaucht. **FLEISCH** fest, dick, weiß; Geruch angenehm; Geschmack mild. **VORKOMMEN** in feuchten Nadelwäldern und Mooren. **WERT** guter Speisepilz. **VERWECHSLUNGEN** Kann leicht mit anderen essbaren, ungenießbaren oder giftigen rot- bis braunhütigen Täublingen verwechselt werden.

GIFTIGE DOPPELGÄNGER

Zu den rothütigen giftigen Täublingen gehören **Kirschroter Spei-Täubling** (144 B), **Zedernholz-Täubling** (148 B) und Blut-Täubling *(Russula sanguinaria)*, alle mit sehr scharfem Geschmack.

Roter Herings-Täubling
Russula xerampelina

Juli – Oktober
Nadelwald
Hut 5–9(–12) cm

HUT erst gewölbt, dann ausgebreitet, etwas niedergedrückt, blutrot bis dunkel purpurrot, Mitte oft schwarzpurpurn; Haut trocken samtig, feucht schmierig. **LAMELLEN** ausgebuchtet angewachsen, alt entfernt stehend, butter- bis fast ockergelb, auf Druck bräunend. **SPORENPULVER** ocker. **STIEL** 4–8 cm lang, 1–2 cm breit, zylindrisch oder bauchig, weißlich, meist rosapurpurn überhaucht, im Alter und bei Berührung bräunend. **FLEISCH** weiß, alt im Stiel schwammig; Geruch nach Hering (jung kaum wahrnehmbar, entwickelt sich oft erst nach längerer Lagerzeit); Geschmack mild, süßlich. **WERT** Mischpilz, der Geruch verschwindet beim Kochen. **VERWECHSLUNGEN** Kann mit einem der zahlreichen anderen rothütigen Täublinge verwechselt werden. Geruch beachten!

GIFTIGE DOPPELGÄNGER
Der Zitronenblättrige Täubling *(Russula sardonia)* und der **Stachelbeer-Täubling** (146 B) bräunen nicht bei Druck, riechen obstartig und schmecken sehr scharf.

Mohrenkopf-Milchling
Lactarius lignyotus

Juni – Oktober
Nadelwald
Hut 2–6(–10) cm

HUT jung halbkugelig, bald flach niedergedrückt, mit spitzem Buckel, schwarzbraun, rußgrau, Rand jung eingebogen; Haut samtig. **LAMELLEN** am Stiel angewachsen bis herablaufend, dünn, jung weiß, später sahnegelb, verletzt lachsfarben bis roströtlich anlaufend. **SPORENPULVER** ocker. **STIEL** 5–9 cm lang, schlank, nach oben verjüngt, ausgestopft, alt hohl, schwarzsamtig; Basis blasser, weißlich überfasert; Stielspitze runzelig gefurcht. **FLEISCH** weiß, verfärbt im Schnitt lachsfarben; Geruch sehr schwach; Geschmack mild. **MILCH** weiß, etwas wässrig, sehr langsam fleischrosa. **VORKOMMEN** in Berg-Fichtenwäldern und Mooren, auf sauren Böden. **WERT** guter Speisepilz. **VERWECHSLUNGEN** Kaum mit anderen Milchlingen zu verwechseln.

UNGENIESSBARE DOPPELGÄNGER

Von ungenießbaren dunkelhütigen Milchlingen, wie zum Beispiel dem **Pechschwarzen Milchling** (158 B), deutlich durch den spitzen Buckel, die runzelige Stielspitze und die weiße, nur schwach fleischrosa verfärbende Milch zu unterscheiden.

142 A

Edel-Reizker, Echter Reizker
Lactarius deliciosus

August – Oktober
unter Kiefern
Hut 5–12(–20) cm

HUT jung gewölbt, bald mit niedergedrückter Mitte, alt flach trichterförmig, hellorange bis orangefuchsig, mit rotgelber Zonierung, Zonen alt grünend, Rand eingerollt. **LAMELLEN** am Stiel angewachsen bis leicht herablaufend, dicht stehend, orangegelb bis orangeocker, im Alter grün fleckend. **SPORENPULVER** blassocker. **STIEL** 3–7 cm lang, 1–3 cm breit, erst voll, bald hohl, brüchig, blassorange, mit dunkel orangefarbenen Gruben, fein bereift. **FLEISCH** fest, später brüchig bis mürb; Geruch angenehm; Geschmack mild. **MILCH** karottenrot, langsam verblassend, später graugrün. **WERT** guter Speisepilz. **VERWECHSLUNGEN** Reizker mit roter oder orangefarbener Milch sind alle essbar, bisweilen jedoch schwer einzuordnen.

GIFTIGER DOPPELGÄNGER

Der **Zottige Birken-Milchling** (154 B) unterscheidet sich deutlich durch einen sehr scharfen, weißen Milchsaft und einen wollig behaarten Hut. Außerdem kommt er ausschließlich unter Birken statt unter Kiefern vor.

144 A

Fichten-Reizker
Lactarius deterrimus

August – Oktober
Fichtenwald
Hut 3–10 cm

HUT anfangs gewölbt, Mitte bald vertieft, alt flach trichterförmig, orangerot mit grüner, oft undeutlicher Zonierung, Rand jung eingerollt. **LAMELLEN** angewachsen bis herablaufend, dicht stehend, sehr brüchig, orangefarbig, alt graugrün fleckend. **SPORENPULVER** blassocker. **STIEL** 3–6 cm lang, kurz, glatt, schlank, bald hohl, orangerot, mit Gruben oder Flecken. **FLEISCH** brüchig, gelblich; Geruch obstartig; Geschmack mild, mit harziger Komponente. **MILCH** karottenrot, nach 10–30 Minuten weinrot verfärbend. **VORKOMMEN** oft massenhaft in jungen Fichtenkulturen. **WERT** zum Braten geeignet. **VERWECHSLUNGEN** Reizker mit roter oder orangefarbener Milch sind leicht erkennbar, untereinander jedoch schwer einzuordnen.

GIFTIGER DOPPELGÄNGER

Ähnlichkeit mit beinahe allen rot milchenden Reizkern hat der giftige **Zottige Birken-Milchling** (154 B), der unter Birken vorkommt und sich durch einen weißen, scharf schmeckenden Milchsaft auszeichnet.

Brätling
Lactifluus volemus

Juni – November
Laub- und Nadelwald
Hut 6–15(–20) cm

HUT jung gewölbt, bald ausgebreitet mit niedergedrückter Mitte, gelbbraun bis braunorange, Rand anfangs eingerollt; Haut trocken, matt, glatt oder feinsamtig. **LAMELLEN** am Stiel angewachsen oder etwas herablaufend, gedrängt, jung cremeocker, alt braunfleckig. **SPORENPULVER** cremefarben. **STIEL** 4–12 cm lang, bis 3,5 cm breit, zylindrisch, fest, voll, alt gekammert, hutfarben oder etwas blasser, zart bereift, sondert bei Verletzung wie der Hut reichlich Milch ab, die beim Trocknen braun wird. **FLEISCH** sehr fest, jung gelblich weiß; Geruch alt heringsartig; Geschmack mild, dann ein wenig bitter. **MILCH** weiß. **WERT** guter Speisepilz. **VERWECHSLUNGEN** Der Brätling ist an seiner reichlich fließenden, braun eintrocknenden Milch gut zu erkennen.

GIFTIGE DOPPELGÄNGER

Unerfahrene Pilzsammler könnten diesen Milchling mit anderen braunhütigen Arten verwechseln, zum Beispiel dem scharf schmeckenden **Rotbraunen Milchling** (160 B). Abgetrocknete Exemplare ohne Milch ähneln dem **Stink-Täubling** (150 B).

Pfifferling, Eierschwamm
Cantharellus cibarius

Juni – November
Laub- und Nadelwald
Hut 3–8(–15) cm

HUT jung halbkugelig bis gewölbt, später ausgebreitet, trichterförmig, blass- bis dottergelb, dickfleischig, Rand nach unten eingerollt, später ausgebreitet und wellig-flatterig; Haut glatt, matt. **LEISTEN** weit am Stiel herablaufend, oft gegabelt, untereinander aderig verbunden, hutfarben. **SPORENPULVER** gelb. **STIEL** 3–6 cm lang, 1–2 cm dick, voll, fest, nach unten verjüngt, hutfarben oder etwas heller. **FLEISCH** fest, faserig, weiß bis blassgelb; Geruch aromatisch; Geschmack leicht scharf. **WERT** guter Speisepilz. **VORKOMMEN** in Nadel- und Laubwäldern auf sauren Böden. **VERWECHSLUNGEN** Es gibt verschiedene essbare Pfifferlinge, die sich meist durch ihre Hutfarbe unterscheiden. Der sehr ähnliche **Falsche Pfifferling** (36 B) gilt als ungenießbar.

GIFTIGE DOPPELGÄNGER

Vorsicht vor allem vor jungen tödlich giftigen **Rauköpfen** (108 B, 110 B)! Der meist büschelig an Holz wachsende **Ölbaum-Trichterling** (38 B) kommt in Mitteleuropa selten in wärmebegünstigten Gegenden vor, ist in Südeuropa hingegen häufig.

Gelbe Kraterelle, Starkriechender Pfifferling
Craterellus lutescens (C. aurora, C. xanthopus)

August – November
Nadel- und Laubwald
Hut 3–6 cm

HUT anfangs genabelt, bald ausgebreitet bis trichterförmig vertieft, dünnfleischig, gelb- bis orangebraun, grauocker, Unterseite orangegelb, aderig-runzelig, Rand wellig verbogen, oft gekräuselt, Oberfläche im Zentrum zart schuppig, später kahl. **LEISTEN** jung kaum erkennbar, später flach, gabelig verzweigt, entfernt stehend. **SPORENPULVER** hellgelb. **STIEL** 2–7 cm lang, oft breitgedrückt, oben erweitert, hohl, glatt, rinnig, lebhaft orangegelb. **FLEISCH** dünn, gelblich; Geruch angenehm fruchtartig nach Aprikose oder Mirabelle (dazu mehrere Fruchtkörper eine Zeit lang in einer Box geschlossen halten), Geschmack mild. **VORKOMMEN** in feuchten Berg-Nadel- und Moorwäldern, oft auf kalkhaltigen Böden. **WERT** guter Speisepilz. **VERWECHSLUNGEN** Die Gelbe Kraterelle ist mit Giftpilzen kaum zu verwechseln, wenn man nicht sehr unaufmerksam ist. Typisch ist ihr starker Aprikosengeruch, der sie von anderen essbaren Pfifferlingen wie dem Trompeten-Pfifferling *(Craterellus tubaeformis)* mit deutlichen Leisten und graugelbem Hut oder dem Gelbvioletten Pfifferling *(Craterellus ianthinoxanthus)* mit fleischigeren Fruchtkörpern unterscheidet.

152 A

Toten-Trompete, Herbst-Trompete
Craterellus cornucopioides

August – November
Laubwald
Hut 2–6 cm

HUT tief trichterförmig, nicht vom Stiel abgesetzt, Rand wellig-lappig bis gekräuselt, schwarzbraun oder -grau, tief schwarz, manchmal mit etwas bläulichem Ton. **LEISTEN** jung fehlend, älter sehr rudimentär in Form von Falten oder flachen Runzeln vorhanden, aschgrau. **SPORENPULVER** weißlich. **STIEL** 4–8 cm lang, 0,4–0,8 cm breit, aschgrau, von der Basis her schwarz, hohl, nahtlos in den Hutteil übergehend. **FLEISCH** dünn, frisch brüchig, alt elastisch bis zäh, schwärzlich. **VORKOMMEN** in Laubwäldern, vor allem unter Buchen, auf nicht zu sauren, etwas nährstoffarmen Böden. **WERT** hervorragender Speisepilz. **VERWECHSLUNGEN** Aufgrund von Form, Farbe und fehlender Leistenstruktur ist die Toten-Trompete nahezu unverwechselbar. Lediglich einige ebenfalls essbare Pfifferlingsarten können ähnlich aussehen, zum Beispiel der Graue Leistling *(Craterellus cinereus)*, der oft gemeinsam mit ihr wächst und dann nicht selten unerkannt mitverwendet wird. Ähnlich aussehen können auch zur Unkenntlichkeit überalterte schwarze Fruchtkörper von Blätterpilzen, doch merkt man hier schnell, dass es sich nicht um einen frischen Pilz handelt.

Schweinsohr
Gomphus clavatus

August – Oktober
Laub- und Nadelwald
Fruchtkörper 4–8 cm

FRUCHTKÖRPER kreiselförmig, nicht deutlich in Hut und Stiel gegliedert, voll, oben hutartig verbreitert, beim älter werden mit aufgebogenem gelapptem, unregelmäßigem Rand, jung tief violett, bald von der Oberseite her ockerlich verblassend, Außenseite violett und die Farbe länger behaltend. **LEISTEN** nur angedeutet in Form von Runzeln und Falten, die bisweilen gegabelt und querverbunden sind. **SPORENPULVER** ocker. **STIEL** nicht differenzierbar. **FLEISCH** weißlich, feucht schwach marmoriert; Geschmack mild; mit unspezifisch pilzigem Geruch. **VORKOMMEN** in Fichtenwäldern, seltener im Buchenwald, auf Kalkboden, nördlich des Mains sehr selten. **VERWECHSLUNGEN** Achtet man darauf, dass der Pilz auf dem Boden wächst (ohne Holzkontakt), ist er in Mitteleuropa unverwechselbar.

UNGENIESSBARER DOPPELGÄNGER
In jungem wie in altem Zustand sehen **Buchen-Knäuelinge** (68 B) aus wie Schweinsohren. Die echten Lamellen, das zähe
156 A Fleisch und der Wuchs auf Holz unterscheiden sie.

Gemeine Kammkoralle
Clavulina coralloides

Juli – November
Laub- und Nadelwald
Fruchtkörper 3–7 cm

FRUCHTKÖRPER insgesamt korallenförmig, mit undeutlichem Stielteil und mehr oder weniger reichlich verzweigtem Hauptteil, weiß bis schmutzig cremeweiß, weißgrau, manchmal mit fleischrosa Tönung, die Äste am Ende mit mehreren auf einer Ebene stehender Spitzen (»Kamm«-Koralle), nicht selten aber auch fast oder ganz unverzweigte Exemplare oder Fruchtkörper, die an den Astenden stumpf enden. **SPORENPULVER** weiß. **STIEL** weiß, kaum vom Oberteil abgrenzbar. **FLEISCH** weiß bis cremeweißlich, brüchig. **VORKOMMEN** Laub- und Nadelwälder gleichermaßen, ohne spezifische Ansprüche, sehr häufig. **WERT** essbar, aber wenig schmackhaft. **VERWECHSLUNGEN** Kaum verschieden sind die Grauviolette Kammkoralle *(Clavulina cinerea)* mit violettgrauen Ästen und die unverzweigte Runzelige Kammkoralle *(Clavulina rugosa)*.

GIFTIGER DOPPELGÄNGER

Vorsicht vor der Verwechslung mit schmächtigen Exemplaren der **Bauchweh-Koralle** (164 B), die aber einen deutlichen Strunk und ockergelbes Sporenpulver hat.

Goldgelbe Koralle, Echter Ziegenbart
Ramaria aurea

August – Oktober
Laubwald
Fruchtkörper 5–12(–20) cm

FRUCHTKÖRPER 8–12 cm hoch, breit mit kurzem, elastischem, relativ massivem, gelblich-weißem Strunk, von diesem zweigen korallenförmige, dicht stehende Äste ab, die intensiv orange- bis goldgelb gefärbt sind, die Spitzen enden meist in zwei Zähnchen. **SPORENPULVER** gelbocker. **FLEISCH** spröde, leicht zerbrechlich, in den Ästen elastisch, weißlich, marmoriert; Geruch säuerlich; Geschmack mild, alt bitter. **VORKOMMEN** oft in Gruppen und Reihen unter Rotbuchen. **WERT** jung essbar, nur den Strunk verwenden. **VERWECHSLUNGEN** Die Goldgelbe Koralle kann mit zahlreichen anderen täuschend ähnlichen, ungenießbaren oder giftigen Korallenpilzen verwechselt werden.

GIFTIGE DOPPELGÄNGER

Wegen der Ähnlichkeit mit der giftigen **Bauchweh-Koralle** (164 B) und der ebenfalls giftigen **Dreifarbigen Koralle** (162 B) sowie zahlreicher weiterer giftiger Arten lässt man am besten die Finger von den Korallenpilzen. Der an Holz wachsende **Klebrige Hörnling** (170 B) bildet viel kleinere, gummiartige Fruchtkörper.

Krause Glucke
Sparassis crispa

August – November
Nadelwald
Fruchtkörper 20–40 cm

FRUCHTKÖRPER badeschwammartig, unregelmäßig kugelig, mit vielen dichtstehenden, bandartig gewundenen Ästchen, die aus einem kurzen dicken Strunk entspringen, grauweißlich, blass cremefarben, mit zunehmendem Alter mehr gelblich, oft mit fleischfarbenem Ton, die Ränder der Ästchen umgebogen und oft bräunlicher. **SPORENPULVER** weiß. **FLEISCH** weiß bis blass graucreme, durchwässert etwas marmoriert, alt etwas gummiartig-zäh; Geschmack mild; mit starkem aromatischem Geruch. **VORKOMMEN** in sandigen Nadelwäldern, am Fuß von Nadelbäumen, insbesondere Kiefern oder Lärchen. **VERWECHSLUNGEN** Ähnlich ist die ebenfalls essbare, noch größere Breitblättrige Glucke *(Sparassis laminosa)*, die vor allem am Fuß von Weißtannen oder Fichten vorkommt, selten auch bei Eichen.

GIFTIGER DOPPELGÄNGER

Junge Fruchtkörper der **Bauchweh-Koralle** (164 B) können jungen Krausen Glucken sehr ähnlich sehen, insbesondere wenn die Spitzen von Wildtieren abgefressen wurden.

Semmel-Stoppelpilz
Hydnum repandum

Juli – November
Nadel- und Laubwald
Hut 5–12(–15) cm

HUT polsterförmig, alt flach, unregelmäßig, mit welligem Rand, manchmal mehrere verwachsen, ockergelb, creme- bis semmelfarben, glatt, trocken. **STACHELN** cremeweißlich, spitz, um den Stiel herum etwas kürzer, oft etwas am Stiel herablaufend, bei Reife leicht abbrechend. **SPORENPULVER** weiß. **STIEL** 2–5 cm lang, 1–3 cm breit, weißlich, oft exzentrisch oder gar seitlich sitzend, manchmal nur rudimentär ausgebildet, Oberfläche oft etwas uneben. **FLEISCH** weiß, nach einiger Zeit gilbend, ziemlich brüchig; Geschmack mild, alt etwas bitter; Geruch unspezifisch. **VORKOMMEN** in Nadel- und Laubwäldern, vor allem auf basischen Boden. **VERWECHSLUNGEN** Alle auf dem Boden wachsenden, creme- bis ockerfarbenen Stachelpilze sind essbar, wenn ihr Fleisch nicht korkig oder aufgrund des Alters bitter ist.

UNGENIESSBARER DOPPELGÄNGER

Unter den generell ungenießbaren, da korkig-zähen Korkstachelingen ist der **Orange Korkstacheling** (168 B) der einzige, der dem Semmel-Stoppelpilz farblich ähnelt.

Habichtspilz
Sarcodon imbricatus

August – November
Fichtenwald
Hut 10–25 cm

HUT jung flach polsterförmig, alt flach und trichterig vertieft, unregelmäßig, alt mit leicht gewelltem Rand, rotbraun bis braungrau, mit dunklen Schuppen, die zumindest in der Hutmitte aufgerichtet abstehen. **STACHELN** graucreme, spitz, um den Stiel herum etwas kürzer, oft etwas am Stiel herablaufend, alt leicht abbrechend. **SPORENPULVER** bräunlich. **STIEL** 2–8 cm hoch, 1–3 cm breit, zylindrisch, gedrungen, grauweißlich, glatt. **FLEISCH** cremegrau, feucht etwas marmoriert; Geschmack mild, alt bitter werdend; mit würzigem Geruch (besonders beim Trocknen). **VORKOMMEN** in Fichtenwäldern auf basenreichen Böden. **VERWECHSLUNGEN** Der ebenfalls essbare Schuppige Habichtspilz wächst bei Kiefern auf Sandböden. Bittere Stachelinge haben stets einen fast glatten Hut und/oder eine blaugrüne Stielbasis.

GIFTIGER DOPPELGÄNGER

Der bittere **Gallen-Stacheling** (166 B) ist außer am Geschmack auch an den nie aufgerichteten Hutschuppen, der heller braunen Färbung und der graugrünen Stielbasis zu erkennen.

Ochsenzunge, Leberreischling
Fistulina hepatica

Juli – Oktober
an Eichen
Fruchtkörper 7–20 cm

FRUCHTKÖRPER 2–6 cm dick, zungen- bis halbkreisförmig, fleischig, stielähnlich angewachsen, jung fleischrot, alt braunrot bis dunkelbraun; Haut rau-warzig, mit feinen Papillen bedeckt, schleimig-klebrig; junge Fruchtkörper sondern rote Tropfen ab. **RÖHREN** etwa 1 cm lang, nicht verwachsen, frei stehend und einzeln voneinander ablösbar, anfangs gelblich-weiß, später rötlich. **SPORENPULVER** blass. **FLEISCH** faserig, weich, weinrot, saftig, mit Adern durchzogen; Geruch obstartig; Geschmack säuerlich. **VORKOMMEN** einzeln oder zu mehreren an Stämmen und Stümpfen alter Eichen und Edelkastanien. **WERT** jung essbar, aber nicht sehr schmackhaft. **VERWECHSLUNGEN** Bei genauer Betrachtung ist eine Verwechslung ausgeschlossen.

GIFTIGER DOPPELGÄNGER
Auch wenn die Färbung eher zimtbraun ist, so ist der tödlich giftige **Zimtfarbene Weichporling** (174 B) doch schon mit der Ochsenzunge verwechselt worden! Er reagiert mit Lauge (Seife!) lebhaft violett.

168 A

Schwefelporling
Laetiporus sulphureus

Mai – Oktober
an Laubholz
Hut 20–40 cm

HUT fächerförmig, zur Anwachsstelle hin verschmälert, breit oder kurzstielig angewachsen, schwefelgelb, älter zunehmend orange, weich, frisch saftig, alt krümelig. **POREN** zitronengelb, rund, sehr fein. **SPORENPULVER** hell. **STIEL** kurz und breit oder völlig fehlend, gleichfalls schwefelgelb. **FLEISCH** blass schwefelgelb; Geschmack mild; Geruch und Geschmack säuerlich. **VORKOMMEN** parasitisch an Laubbäumen und deren Totholz, sehr selten an Nadelbäumen. **WERT** jung essbar, ähnlich Hühnerfleisch, bald faserig und trocken werdend. Vorsicht: Pilze, die an giftigen Bäumen wachsen (Eibe, Goldregen), können möglicherweise deren Giftstoffe aufnehmen! **VERWECHSLUNGEN** Junge Fruchtkörper könnten trotz der gelben Farbe für den giftigen **Zimtfarbenen Weichporling** (174 B) gehalten werden.

UNGENIESSBARER DOPPELGÄNGER

Der ungenießbare **Kiefern-Braunporling** (172 B) erreicht ähnliche Ausmaße und hat jung gleichfalls gelbe Farbtöne. Er wächst
170 A aber auf dem Boden auf den Hauptwurzeln von Nadelbäumen.

Flaschen-Stäubling
Lycoperdon perlatum

Juni – November
Laub- und Nadelwald
Fruchtkörper 2–5 cm

FRUCHTKÖRPER birnenförmig bis keulig, zur Basis hin stielartig verschmälert, jung weiß mit 0,2–0,3 cm langen, leicht abwischbaren, kurzkegeligen Stacheln und Körnchen, im Alter graubraun; bei der Reife entsteht am Scheitel eine kleine Öffnung, aus der die Sporen entweichen. **SPORENPULVER** olivbraun. **FRUCHTMASSE** erst weiß, später gelblich, alt olivbraun und stäubend; Geruch jung angenehm; Geschmack mild. **VORKOMMEN** einzeln bis gesellig auf morschem Holz oder auf dem Erdboden, auch außerhalb des Waldes. **WERT** solange die Fruchtmasse weiß ist, essbar. **VERWECHSLUNGEN** Mit anderen, Stäublingen (*Lycoperdon* spp.) und Bovisten (*Bovista* spp.) zu verwechseln, Vorsicht auch vor ganz jungen **Kartoffelbovisten** (178 B).

GIFTIGE DOPPELGÄNGER

Junge Stäublinge können mit jungen, noch in ihrer Gesamthülle steckenden Wulstlingen wie dem **Fliegenpilz** (82 B) oder **Knollenblätterpilzen** (76 B, 78 B) verwechselt werden, daher immer durchschneiden und auf die Konsistenz achten!

Riesen-Bovist
Langermannia gigantea

Juli – Oktober
stickstoffreiche Plätze
Fruchtkörper 20–60 cm

FRUCHTKÖRPER unregelmäßig kugelförmig, weiß, zunehmend schmutzig weißlich bis hell graucreme, Außenhaut mit zunehmendem Alter stückweise abblätternd, so dass alte Boviste als staubige, olivbraune Kugel noch bis ins nächste Frühjahr stehen bleiben. **SPORENPULVER** olivbraun. **FLEISCH** weiß, wattig weich, schaumstoffartig, im Alter mehr und mehr oliv werdend durch die reifenden Sporen, nach und nach sich in eine zusammenhängende Sporenmasse auflösend. **VORKOMMEN** in gedüngten Wiesen, Feldgehölzen, an Waldrändern, auch in Gärten, in Beeten, stets an nährstoffreichen Stellen. **WERT** gebraten wohlschmeckend. **VERWECHSLUNGEN** Nur in jungem Zustand gibt es Boviste und Stäublinge, die in der Größe an den Riesen-Bovist heranreichen. Sie alle sind essbar, solange sie innen noch weiß und unverfärbt sind.

GIFTIGER DOPPELGÄNGER

Der giftige **Dickschalige Kartoffelbovist** (178 B) ist nur sehr jung innen weiß, dann aber klein und hart wie eine Kartoffel. Große Fruchtkörper unterscheiden sich durch das violette Innere.

Judasohr

Auricularia auricula-judae

ganzjährig
an Laubholz
Fruchtkörper 3–8(–12) cm

FRUCHTKÖRPER bis 7 cm vom Substrat abstehend, ohr-, muschel- oder unregelmäßig schüsselförmig, stiellos oder mit sehr kurzem Stiel angewachsen, graubraun, rotbräunlich, braunoliv; Oberseite feinsamtig; Unterseite glänzend, glatt, von erhabenen Leisten und Falten durchzogen. **SPORENPULVER** weiß. **FLEISCH** gallertig bis knorpelig, trocken hornartig zusammengeschrumpft, feucht wieder aufquellend; ohne besonderen Geruch und Geschmack. **VORKOMMEN** gesellig an alten und abgestorbenen Stämmen vom Schwarzen Holunder, selten an anderen Laubbäumen. **WERT** für Wok-Gerichte oder Salate geeignet (blanchieren!). **VERWECHSLUNGEN** Etwas Ähnlichkeit haben verschiedene an Holz wachsende, ungenießbare gelatinöse Drüslinge (*Exidia* spp.) und Zitterlinge (*Tremella* spp.).

UNGENIESSBARER DOPPELGÄNGER

Achtet man auf Aussehen und Konsistenz, dann sind Verwechslungen mit Giftpilzen kaum denkbar. Der ungenießbare **Gezonte**
176 A **Ohrlappenpilz** (176 B) ist deutlich hell-dunkel gezont.

Speise-Morchel, Rund-Morchel
Morchella esculenta (inkl. *Morchella vulgaris*)

April – Mai
Laubwald
Hut 3–8 cm

HUT 4–12(–20) cm hoch, rundlich bis eiförmig, hell- bis dunkelbraun oder grau, unregelmäßig wabenartig gekammert, innen hohl, rau, körnig, Hutrand mit dem Stiel verwachsen. **SPORENPULVER** weiß. **STIEL** 3–7 cm lang, weißlich bis hellgelblich, Basis verdickt, wellig gefurcht bis grubig, hohl wie der Hut. **FLEISCH** zart, brüchig, weißlich; Geruch angenehm; Geschmack mild. **VORKOMMEN** einzeln bis gesellig auch in Auenwäldern und Gebüsch. **WERT** geschätzter Speisepilz, nicht roh verzehren, empfindliche Personen sollten das Kochwasser weggießen! **VERWECHSLUNGEN** Von der Speisemorchel werden einige Unterarten beschrieben, die jedoch alle essbar sind. Große Ähnlichkeit hat auch die essbare Spitz-Morchel *(Morchella elata)*.

GIFTIGER DOPPELGÄNGER

Die tödlich giftige **Frühjahrs-Lorchel** (182 B) ist ähnlich, hat aber eine hirnartig gewundene, niemals gekammerte Hutoberfläche. Bei den Morcheln ist der Fruchtkörper auch deutlicher in Hut und Stiel gegliedert.

Morchelbecherling, Flatschmorchel
Disciotis venosa

März – Mai
Laub- und Auenwald
Fruchtkörper 3–12(–25) cm

FRUCHTKÖRPER erst halbkugelig, Rand nach innen eingebogen, später flach schüsselförmig ausgebreitet, Innenseite radial mit Falten und Runzeln überzogen, gelb-, grau- bis dunkelbraun, Außenseite heller, feinkleiig, alt durch aufsteigende Stielrippen aderig. **SPORENPULVER** cremefarben. **STIEL** 0,5–2 cm lang, bis 3 cm breit, oft ganz im Boden steckend. **FLEISCH** dünn, wachsartig, weißlich bis hellbraun; Geruch deutlich nach Chlor; Geschmack etwas pilzartig. **VORKOMMEN** gern auf tonigen Böden. **WERT** gut gekocht essbar, wohlschmeckend. **VERWECHSLUNGEN** Kann mit anderen Becherlingen, wie dem Blasigen Becherling *(Peziza vesiculosa)* oder dem Buchenwald-Becherling *(Peziza arvernensis)* verwechselt werden.

GIFTIGER DOPPELGÄNGER
Der ähnlich aussehende **Kronen-Becherling** (184 B) hat sternförmig aufreißende Fruchtkörper mit violetten Farbtönen. Auf Grund seines Chlorgeruchs (der beim Kochen verschwindet) ist der Morchelbecherling gut zu erkennen.

180 A

Mäandertrüffel, Deutsche Weißtrüffel
Choiromyces meandriformis

Juni – Oktober
Laub- und Nadelwald
Fruchtkörper 4–12(–20) cm

FRUCHTKÖRPER unregelmäßig, kugelig bis knollenförmig, jung grauweiß, später lehmbraun; Oberfläche uneben, höckrig-faltig, im Alter oft feldrig aufgerissen. **FRUCHTMASSE** kernig, fest, innen weißlich, von schmalen, bandartigen, vielfach verzweigten Strängen durchzogen; Geruch jung aromatisch, später knoblauchartig bis widerlich. **VORKOMMEN** auf lehmigen, kalkhaltigen Böden, wächst unterirdisch, nur die ausgewachsenen Fruchtkörper ragen mit dem Scheitel aus dem Boden. **WERT** gut gekocht oder gebraten essbar, roh giftig! **VERWECHSLUNGEN** Im Aussehen ausgesprochen ähnlich ist die sehr geschätzte Alba-Trüffel *(Tuber magnatum)*, die jedoch nur im Mittelmeergebiet (Italien, Kroatien) vorkommt und bis 5000 Euro pro Kilo kostet.

GIFTIGER DOPPELGÄNGER

Junge, aus der Erde spitzende Weißtrüffeln können mit jungen **Dickschaligen Kartoffelbovisten** (178 B) verwechselt werden, die jedoch schnell unangenehm riechen und deren Fruchtmasse bald violettschwärzlich wird.

Sommer-Trüffel
Tuber aestivum

Mai – Dezember
Laubwälder, Parks
Fruchtkörper 2–8 cm

FRUCHTKÖRPER kugelig bis unregelmäßig knollig, kartoffelförmig, Außenhaut hart und rindenartig, aus schwarzen pyramidischen Warzen bestehend. **FRUCHTMASSE** weißlich bis hell nussbraun, von anfangs hell- bis alt dunkelbraunen Äderchen labyrinthisch durchzogen, fest, krümelig; Geschmack nussartig; Geruch mit zunehmender Reife mehr und mehr knoblauch- bis käseartig, auch mit etwas chemischer Komponente. **VORKOMMEN** unterirdisch oder halb im Boden unter Laubbäumen, vor allem Hainbuche, Eiche, Buche oder Linde, auf Kalkböden. **VERWECHSLUNGEN** Es gibt einige ähnlich aussehenden unterirdisch wachsenden Trüffel- und Blasentrüffel-Arten, die alle nicht giftig sind. Auch der Fruchtkörper der ungenießbaren Vielgestaltigen Holzkeule *(Xylaria polymorpha)* hat eine gewisse Ähnlichkeit.

GIFTIGE DOPPELGÄNGER

Die **Bunte Schleimtrüffel** (180 B) ist außen glatt. Sie sollte nicht gegessen werden. Die ebenfalls glatte **Mäandertrüffel** (182 A) ist roh giftig.

Schönfuß-Röhrling
Caloboletus calopus

Mai – November
Laub- und Nadelwald
Hut 8–20(–30) cm

HUT anfangs halbkugelig, später polsterförmig, graugelblich, graubräunlich, Rand jung eingebogen; Haut matt, schwach filzig, nicht schmierig. **RÖHREN** 0,5–1,5 cm lang, ausgebuchtet, angewachsen, intensiv gelb; Poren eng, zitronengelb, auf Druck blaugrün verfärbend. **SPORENPULVER** olivbraun. **STIEL** 6–10 (–15) cm lang, 2–4 cm breit, kräftig, zylindrisch bis bauchig, oben gelblich, abwärts karminrot geflammt, auf ganzer Länge mit erhabener Netzzeichnung, bei Druck blauend. **FLEISCH** dick, fest, gelblich, im Schnitt blauend; Geruch unangenehm säuerlich; Geschmack bitter. **VORKOMMEN** in sauren Laub- und Nadelwäldern, besonders auf nährstoffarmen Böden der Mittelgebirge und Alpen. **WERT** Der Schönfuß-Röhrling ist giftig und verursacht bei empfindlichen Personen schwere Magen-Darm-Störungen.

ESSBARE DOPPELGÄNGER

14 B Essbare **Rotfuß-Röhrlinge** (28 A) sind in der Regel viel schlanker, haben gelbgrüne Poren und kein Netz am Stiel.

Wurzelnder Bitter-Röhrling
Caloboletus radicans

Juli – Oktober
Laubwald, Parkanlagen
Hut 6–20(–30) cm

HUT jung halbkugelig, später polsterförmig, weißlich bis blassgrau, alt schmutzig graubräunlich; Haut jung feinfilzig, später glatt, bisweilen feldrig aufreißend, nicht abziehbar, am Rand überstehend. **RÖHREN** 1–4 cm lang, ausgebuchtet, jung zitronengelb, alt schmutzig oliv; Poren klein, eckig bis rund, zitronengelb, alt braunoliv, auf Druck intensiv blauend. **SPORENPULVER** gelblich-grün. **STIEL** 5–12 cm lang, bis 7 cm breit, voll, fest, knollig-bauchig bis keulig, zitronengelblich mit undeutlichem, gelbbräunlichem Netz, auf Druck blauend, Basis oft zugespitzt. **FLEISCH** fest, alt weich, blass zitronengelb, im Schnitt blauend; Geruch unangenehm; Geschmack bitter. **VORKOMMEN** in Laubwäldern und Parkanlagen auf kalkhaltigen Böden. **WERT** Der Wurzelnde Bitter-Röhrling ist ein ungenießbarer, bitterer Pilz.

ESSBARE DOPPELGÄNGER

Kann dem Aussehen nach mit essbaren, gelbfleischigen Dickröhrlingen wie dem Silber-Röhrling *(Butyriboletus fechtneri)* oder dem **Anhängsel-Röhrling** (16 A) verwechselt werden.

16 B

Satans-Röhrling, Satanspilz
Rubroboletus satanas

Juli – Oktober
Laubwald
Hut 10–25(–30) cm

HUT halbkugelig, gewölbt, dickfleischig, grauweiß, silbergrau, olivgrau oder hell lederfarben, Rand eingebogen; Haut anfangs etwas filzig, dann glatt, bisweilen in der Mitte rissig. **RÖHREN** gelblich, am Stiel abgerundet; Poren klein, rundlich, anfangs gelblich, bald karminrot-purpurn. **SPORENPULVER** braunoliv. **STIEL** kurz, bauchig, Basis stark verdickt, unter dem Hut gelblich, zur Basis karminrötlich, oben feinnetzig, auf Druck wie die Poren grünblau verfärbend. **FLEISCH** weißlich bis blass gelblich, schwach blauend; Geschmack mild; Geruch nach Kinderwindeln, alt aasartig. **VORKOMMEN** in warmen Laubwäldern auf Kalkböden. **WERT** Der Satans-Röhrling ist giftig und verursacht roh und gekocht Magen-Darm-Störungen mit starkem Erbrechen!

ESSBARE DOPPELGÄNGER

Satanspilze können mit dem **Flockenstieligen** (18 A) und dem **Netzstieligen Hexen-Röhrling** (20 A) verwechselt werden. Unerfahrene Pilzsammler sollten deshalb auf jeden Fall alle Röhrlinge mit roten Poren meiden.

Kahler Krempling
Paxillus involutus

Juli – November
Nadel- und Laubwald
Hut 6–20(–30) cm

HUT jung gewölbt, bald flach und etwas niedergedrückt, alt vertieft, oliv- bis haselbraun, fein filzig, alt verkahlend und leicht glänzend, Rand eingerollt. **LAMELLEN** stark herablaufend, cremegelb bis gelbbraun, ablösbar, auf Druck rotbraun fleckend. **SPORENPULVER** olivbraun. **STIEL** 4–10 cm lang, 0,8–2 cm breit, zylindrisch, oft kürzer als Hutbreite, ockerbraun, auf Druck bräunend. **FLEISCH** weich, mild, rotbraun verfärbend; Geruch unspezifisch pilzig. **VORKOMMEN** Wälder auf meist sauren Böden, Parks und Gärten. **WERT** roh magen-darm-giftig, kann auch gekocht eine tödliche Hämolyse auslösen. **VERWECHSLUNGEN** Achtet man auf die Sporenpulverfarbe in Kombination mit herablaufenden Lamellen, kann man die Art allenfalls mit weiteren, gleichfalls nicht essbaren Kremplingen verwechseln.

ESSBARER DOPPELGÄNGER

Ähnlich aussehen kann der meist langstielige, cremefarbene **Mönchskopf** (46 A), der aber weißes Sporenpulver hat und nicht rotbraun verfärbt.

Schwärzender Saftling
Hygrocybe conica (Hygrocybe nigrescens)

Juni – November
Wiesen
Hut 2–8 cm

HUT jung kegelig bis glockig, alt mit aufgebogenem Rand und spitzem Buckel, nie flach werdend, gelb, orange, rot, oft streifig vermischt, eingewachsen faserig, vom Rand her langsam schwärzend. **LAMELLEN** weißlich bis gelblich, von der Schneide her im Alter schwärzend, aufsteigend, schmal angewachsen. **SPORENPULVER** weiß. **STIEL** 3–10 cm lang, 0,3–0,8 cm breit, gelb bis gelborange, basal weiß, längsfaserig, von der Basis her schwarz verfärbend. **FLEISCH** gelb, bei Verletzung langsam schwärzend, auffallend brüchig, mild; Geruch unspezifisch. **VORKOMMEN** auf extensiv genutzten Wiesen und Weiden, seltener in lichten Laubwäldern, bisweilen auch in Vorgärten. **WERT** magen-darm-giftig. **VERWECHSLUNGEN** Der Schwärzende Saftling ist sehr vielgestaltig, sowohl Farbe als auch Größe betreffend.

ESSBARER DOPPELGÄNGER

Die meisten Saftlings-Arten sehen ähnlich aus, so auch der essbare **Größte Saftling** (36 A), sie alle schwärzen jedoch auch im Alter nicht.

Bleiweißer Trichterling, Laubfreund-Trichterling
Clitocybe phyllophila (Clitocybe cerrusata)

August – Dezember
Nadel- und Laubwald
Hut 3–8(–10) cm

HUT flach gewölbt bis niedergedrückt, bisweilen leicht gebuckelt, glatt, jung weiß firnisartig bereift, alt die gelbliche Grundfarbe vorherrschend, oft in konzentrischen Zonen aufgesprungen. **LAMELLEN** breit angewachsen bis wenig herablaufend, gedrängt, cremeweißlich, bald mit Rosaton. **SPORENPULVER** rosacreme. **STIEL** 3–6(–10) cm lang, 0,5–1 cm breit, weißlich, etwas bereift, alt hohl, Basis keulig, striegelig bis filzig. **FLEISCH** weiß; Geruch schwach aromatisch; Geschmack mild. **VORKOMMEN** oft in Ringen oder Gruppen in Nadel-, seltener auch in Laubwäldern. **WERT** Einige Sippen des Bleiweißen Trichterlings enthalten Muskarin und sind sehr giftig. **VERWECHSLUNGEN** Neben weiteren Trichterlings-Arten ist auch der nicht essbare **Weiße Rasling** (28 B), der büschelig an Wegen wächst, sehr ähnlich.

ESSBARE DOPPELGÄNGER

Der **Mehl-Räsling** (82 A) sieht täuschend ähnlich aus, nur gute Pilzkenner sollten ihn sammeln. Auch junge **Egerlinge** (100 A – 104 A) mit noch hellen Lamellen werden verwechselt (Ring!).

Feld-Trichterling
Clitocybe dealbata

Juli – November
Wiesen, Weiden
Hut 2–5 cm

HUT gewölbt, flach, bald niedergedrückt, alt fast trichterförmig, weißlich, schmutzig gelb, alt rissig, Rand jung eingerollt, alt wellig; Haut matt, mit firnisartig bereiften Zonen. **LAMELLEN** schmal, gedrängt, breit angewachsen bis etwas herablaufend, blassgelblich. **SPORENPULVER** weiß. **STIEL** 2–4 cm lang, weißlich, Spitze bisweilen bestäubt. **FLEISCH** faserig, dünn, blass fleischfarben, wässerig; Geruch stark mehlartig; Geschmack mild, mehlartig. **VORKOMMEN** oft gesellig auf Wiesen, Weiden, Rasenflächen und an Wegrändern. **WERT** stark giftig aufgrund hohen Muscarin-Gehaltes. **VERWECHSLUNGEN** Essbare Schnecklinge *(Hygrophorus)* und Ellerlinge *(Cuphophyllus)* sind gefährlich ähnlich, ebenso Verwechslungen mit jungen **Wiesen-Egerlingen** (102 A) oder dem **Nelken-Schwindling** (72 A).

ESSBARER DOPPELGÄNGER

Äußerst ähnlich sieht der ebenfalls in Wiesen wachsende **Schneeweiße Ellerling** (38 A) aus. Seine Lamellen sind etwas deutlicher herablaufend.

Weißer Rasling
Leucocybe connata

Juni – November
Wegränder
Hut 3–12 cm

HUT anfangs gewölbt, im Alter ausgebreitet, reinweiß, feucht mit bleigrauer Zonierung, glatt, trocken, mit abwischbarem, firnisartigem Reif bedeckt. **LAMELLEN** angewachsen, ausgebuchtet oder leicht herablaufend, dicht stehend, weiß, alt gelblich. **SPORENPULVER** weiß. **STIEL** 4–6 cm lang, zylindrisch, oft büschelig wachsend, weiß, später gelblich, Spitze leicht mehlig-flockig. **FLEISCH** weiß; Geruch mehlartig bis süßlich, nach Lerchensporn; Geschmack mild. **VORKOMMEN** meist dicht büschelig oder in Reihen, an grasigen, krautreichen Waldwegen und Waldrändern. **WERT** Der Weiße Rasling enthält mutagen wirkende Stoffe, von seinem Genuss ist daher dringend abzuraten! **VERWECHSLUNGEN** Zahlreiche stark giftige **Trichterlings-Arten** (24 B, 26 B) lassen sich kaum vom Weißen Rasling unterscheiden.

ESSBARE DOPPELGÄNGER

In Habitus und Konsistenz identisch ist der **Braune Büschel-Rasling** (60 A), der allerdings braunhütig statt weiß ist. Auch der **Mehl-Räsling** (82 A) kann sehr ähnlich aussehen.

Langstieliger Duft-Trichterling
Clitocybe fragrans

April – Dezember
Nadel- und Laubwald
Hut 2–4 cm

HUT schon jung fast flach, bald vertieft und alt deutlich trichterig, feucht beige-grau mit fleischfarbenem Ton, ausgeblasst fast weiß, stets die Mitte dunkler, feucht mit gerieftem Rand. **LAMELLEN** cremefarben, hell grau-beige, undeutlich herablaufend. **SPORENPULVER** weiß bis leicht cremefarben. **STIEL** 3–6 cm lang, 0,3–0,6 cm breit, zylindrisch, dem Hut gleichfarben, glatt, im Alter hohl werdend. **FLEISCH** blass cremegrau, trocken weißlich; Geschmack mild; mit auffallendem Geruch nach Anis. **VORKOMMEN** vor allem in Nadelwäldern, auch in moosigen Waldwiesen, seltener im Laubwald. **WERT** giftig, enthält das Nervengift Muscarin. **VERWECHSLUNGEN** Viele gleichfalls giftige **Trichterlinge** (24 B, 26 B) sehen ähnlich aus, aber auch essbare Arten wie zum Beispiel der **Fichtenzapfen-Nagelschwamm** (74 A).

ESSBARER DOPPELGÄNGER

Ausgeblasste Exemplare des eigentlich grünlich gefärbten **Anis-Trichterlings** (48 A) sind sehr ähnlich, aber etwas robuster und kurzstieliger.

Nebelgrauer Trichterling, Nebelkappe
Clitocybe nebularis

September – November
Laub- und Nadelwald
Hut 5–20 cm

HUT erst stark gewölbt, später ausgebreitet, Mitte oft schwach gebuckelt oder vertieft, dickfleischig, braun- bis dunkelgrau, glatt, trocken, mit abwischbarem Reif. **LAMELLEN** bogig am Stiel herablaufend, sehr dicht stehend, leicht ablösbar, blassgelblich. **SPORENPULVER** cremeweiß. **STIEL** 6–10 cm lang, 2–4 cm dick, kräftig, voll, nach unten verdickt, cremeweißlich bis hellgrau. **FLEISCH** dick, jung fest, weiß; Geruch süßlich; Geschmack mild, säuerlich. **VORKOMMEN** vor allem in Laubwäldern, auch im Nadelwald und in Parks, meist in großen Hexenringen wachsend. **WERT** enthält mutagene Substanzen (Nebularin). **VERWECHSLUNGEN** Sehr ähnlich ist der stark giftige **Riesen-Rötling** (72 B), der sich durch gefärbte, nicht herablaufende Lamellen unterscheidet.

ESSBARE DOPPELGÄNGER

Einige essbare Trichterlinge und Rötelritterlinge sehen ähnlich aus, insbesondere der **Mönchskopf** (46 A) und der **Fuchsige Röteltrichterling** (50 A).

Parfümierter Bambustrichterling
Paralepistopsis amoenolens

Juli – Oktober
Wälder und Parks
Hut 4–8(–10) cm

HUT jung flach konvex, alt leicht bis deutlich vertieft, cremegrau, fleischfarben, ocker, orange- bis rotbräunlich, mit dunkleren Wasserflecken und ebensolcher Mitte, Rand lange eingebogen. **LAMELLEN** herablaufend, dicht stehend, creme- bis fleischfarben. **SPORENPULVER** weißlich bis blass creme. **STIEL** 4–8 cm lang, 0,3–0,8 cm breit, blass ocker bis fleischfarben, hohl werdend, Basis weißfilzig. **FLEISCH** cremeweißlich; Geschmack mild; mit auffallendem, stark süßlich-blütenartigem Geruch (!). **VORKOMMEN** Laubwälder, Parks, Gärten, wärmeliebende Art, derzeit nördlichstes Vorkommen bei Wien. **WERT** löst stark schmerzende, oft monatelang anhaltende Nervenschädigungen der Extremitäten hervor (Erythromelalgie). **VERWECHSLUNGEN** Der **Ockergelbe Trichterling** (44 A) und verwandte Arten sehen sehr ähnlich aus.

ESSBARER DOPPELGÄNGER

Täuschend ähnlich ist der **Fuchsige Röteltrichterling** (50 A), der nur am Geruch und etwas dunkleren Sporenpulver unterschieden ist. Höchste Vorsicht ist bei diesen Pilzen geboten!

Falscher Pfifferling
Hygrophoropsis aurantiaca

Juli – November
Laub- und Nadelwald
Hut 3–6(–10) cm

HUT anfangs gewölbt, bald ausgebreitet, trichterförmig, meist ohne Buckel, dünnfleischig, dottergelb, orangegelb, orangebraun, alt ausblassend, Rand lange eingerollt; Haut samtig-filzig, trocken, glanzlos. **LAMELLEN** am Stiel weit herablaufend, stark gegabelt, weich, hutfarben bis orangerot. **SPORENPULVER** gelbweiß. **STIEL** 5–6(–8) cm lang, bis 1 cm breit, zylindrisch, zentral bis exzentrisch, glatt, kahl, hutfarben oder heller. **FLEISCH** weich, biegsam, gelblich bis orange; Geruch und Geschmack unbedeutend. **VORKOMMEN** gesellig, nicht selten auch an morschem, im Zerfall begriffenem Holz. **WERT** Der Falsche Pfifferling kann bei empfindlichen Personen Magen-Darm-Beschwerden verursachen. **VERWECHSLUNGEN** Der ähnliche, giftige **Ölbaumpilz** (38 B) wächst nur in warmen Gegenden büschelig an Holz.

ESSBARER DOPPELGÄNGER

Große Ähnlichkeit hat der **Echte Pfifferling** (150 A), dessen Hüte jedoch viel dickfleischiger sind. Zudem besitzt er, wie alle Pfifferlinge, Leisten statt Lamellen.

Leuchtender Ölbaumpilz, Ölbaum-Trichterling
Omphalotus olearius

Juni – Oktober
an Laubholz
Hut 6–12(–20) cm

HUT erst gewölbt, bald abgeflacht, genabelt, alt niedergedrückt, orangerot bis orangegelb, Rand lange eingerollt; Haut seidig glänzend, fein radialfaserig. **LAMELLEN** am Stiel weit herablaufend, dünn, dicht stehend, gelb bis orangegelb. **SPORENPULVER** weiß. **STIEL** 7–15 cm lang, 1–1,5(–3) cm breit, voll, zäh, orangegelb, alt braunrötlich, oft exzentrisch stehend, zur Basis hin verjüngt, runzelig, oft büschelig verwachsen. **FLEISCH** faserig, zäh, gelb bis orangebraun; Geruch angenehm; Geschmack mild. **VORKOMMEN** an Kastanien, Eichen und Ölbäumen, wärmeliebende Art, bei uns sehr selten und nur im Süden zu finden. **WERT** Der Leuchtende Ölbaumpilz verursacht Übelkeit, Erbrechen und Durchfall.

ESSBARER DOPPELGÄNGER

Der Ölbaum-Trichterling ist durch sein büscheliges Wachstum an Holz gekennzeichnet. Mittelmeer-Urlauber müssen besonders gewarnt werden, denn der **Pfifferling** (150 A) und seine Verwandten wurden schon öfter mit ihm verwechselt.

Grünling

Tricholoma equestre, Tricholoma frondosae

August – November
unter Kiefern oder Espen
Hut 6–12(–15) cm

HUT halbkugelig, dann polsterförmig, alt flach, lebhaft grüngelb, mit kleinen dunkleren Schüppchen bedeckt, von der Mitte aus rostbraun oxidierend, feucht schmierig, oft mit Sand verklebt. **LAMELLEN** schwefelgelb, aufsteigend, schmal angewachsen und mit Zahn herablaufend. **SPORENPULVER** weiß. **STIEL** 5–10 cm lang, 0,8–2 cm breit, zylindrisch oder leicht keulig, weißlich, nach unten zu blass grüngelblich. **FLEISCH** weißlich bis (vor allem in der Stielrinde) gelb; mit starkem Mehlgeschmack und Geruch nach Gurkenschale. **VORKOMMEN** nährstoffarme Kiefernwälder, *Tricholoma frondosae* vor allem unter Espen. **WERT** potentiell tödlich giftig, kann Rhabdomyolyse hervorrufen. **VERWECHSLUNGEN** Der **Schwefel-Ritterling** (44 B) und weitere gelbe Ritterlinge (zum Beispiel *Tricholoma aestuans*) sind ebenfalls giftig.

GIFTIGER DOPPELGÄNGER

Personen, die den Grünling trotz Warnung weiterhin sammeln, müssen sich auf jeden Fall vor Verwechslung mit dem **Leuchtendgelben Klumpfuß** (114 B) hüten.

Seifen-Ritterling
Tricholoma saponaceum

Juli – November
Laub- und Nadelwald
Hut 5–15 cm

HUT anfangs gewölbt, alt fast flach, farblich sehr variabel, weiß, creme, grau, gelblich, olivgrün, auch rotbraun verfärbt, glatt, feucht etwas schmierig, Rand glatt. **LAMELLEN** weißlich, aufsteigend, schmal angewachsen und mit Zahn herablaufend, dick, entfernt, alt leicht splitternd (wie bei Täublingen!). **SPORENPULVER** weiß. **STIEL** 4–8(–10) cm lang, 0,8–2 cm breit, zylindrisch, weißlich, bisweilen grauschwarz geschuppt, an der Basis schwach rötend (besonders nach Reiben). **FLEISCH** weiß; Geschmack mild; mit auffallendem Geruch nach Kernseife oder altem Waschlappen. **VORKOMMEN** Nadel- und Laubwälder. **VERWECHSLUNGEN** Der Seifen-Ritterling ist ungemein vielgestaltig und kann je nach Farbform mit vielen verschiedenen Ritterlingen und anderen fleischigen Hellsporern verwechselt werden.

ESSBARER DOPPELGÄNGER

Der **Schwarzfaserige Ritterling** (64 A) unterscheidet sich durch die eingewachsenen schwärzlichen Fasern in der Huthaut und seinen Geruch nach Gurkenschale.

Schwefel-Ritterling
Tricholoma sulphureum

August – November
Laub- und Nadelwald
Hut 3–8 cm

HUT anfangs gewölbt, dann flach werdend, schwach gebuckelt, etwas wellig, schwefelgelb, Mitte manchmal etwas bräunlich getönt, matt aber etwas seidig, trocken. **LAMELLEN** gleichfalls schwefelgelb, aufsteigend, schmal angewachsen und mit Zahn herablaufend, dick, entfernt. **SPORENPULVER** weiß. **STIEL** 4–8 cm lang, 0,5–1,5 cm breit, zylindrisch, blass schwefelgelb, etwas längsfaserig. **FLEISCH** schwefelgelb; Geschmack mild; mit aufdringlich unangenehmem Schwefel- oder Leuchtgas-Geruch. **VORKOMMEN** Nadel- und Laubwälder, besonders unter Buchen. **VERWECHSLUNGEN** Der Kröten-Ritterling *(Tricholoma bufonium)* unterscheidet sich lediglich durch seine purpurviolette Hutfärbung, der **Grünling** (40 B) durch anderen Standort, Geruch und die Fleischfarbe.

ESSBARE DOPPELGÄNGER

Dem Dottergelben Schönkopf *(Calocybe chrysenteron)* und gelben Formen des Purpupurfilzigen Holzritterlings *(Tricholomopsis rutilans)* fehlt der ekelhafte Leuchtgasgeruch.

Brandiger Ritterling
Tricholoma ustale

August – Oktober
Buchenwald
Hut 4–10 cm

HUT polsterförmig, nicht flach werdend, orange- bis rötlichbraun mit Olivton, glatt, feucht schmierig, Rand glatt bis schwach gerippt. **LAMELLEN** cremeweißlich, bald mit rotbraunen Flecken, aufsteigend, schmal angewachsen und mit Zahn herablaufend. **SPORENPULVER** weiß. **STIEL** 4–8(–10) cm lang, 0,8–1,5 cm breit, zylindrisch, blasser als Hut, zur Spitze hin allmählich weißlich werdend. **FLEISCH** weißlich, im Schnitt langsam schwach rotbräunlich anlaufend; Geschmack mäßig bitter; Geruch unspezifisch oder etwas mehlig. **VORKOMMEN** unter Buchen in Wäldern und Parks. **WERT** leicht magen-darm-giftig. **VERWECHSLUNGEN** Alle braunen Ritterlinge gelten als giftig oder zumindest ungenießbar. Auch Verwechselungen mit dem **Hallimasch** (56 A) sind schon vorgekommen, obwohl dieser büschelig und an Holz wächst.

ESSBARER DOPPELGÄNGER

Der **Braune Büschel-Rasling** (60 A) kann, wenn er einzeln wächst, ähnlich aussehen. Er ist jedoch graubraun ohne Rottöne und völlig mild im Geschmack.

Tiger-Ritterling

Tricholoma pardalotum (Tricholoma pardinum)

August – Oktober
Laub- und Nadelwald
Hut 6–12(–18) cm

HUT halbkugelig bis glockig, später ausgebreitet mit leicht niedergedrückter Mitte oder stumpf gebuckelt, auf weißem Grund schiefergrau, silbergrau oder dunkler gefasert und geschuppt, Rand lange eingebogen. **LAMELLEN** breit, dicht stehend, ausgebuchtet angewachsen, weißlich bis gelblich, jung tränend. **SPORENPULVER** weiß. **STIEL** 6–10(–12) cm lang, 2–5 cm breit, zylindrisch bis keulig, fest, voll, Spitze jung oft mit Wassertröpfchen, weißlich oder etwas ockerlich, schwach bräunlich längsfaserig bis schuppig. **FLEISCH** weißlich, unter der Haut gräulich; Geruch mehlartig; Geschmack mild, mehlartig. **VORKOMMEN** einzeln bis gesellig, vorzugsweise auf Kalkböden. **WERT** Der Tiger-Ritterling verursacht lang anhaltende, kolikartige Bauchschmerzen und heftige Brechdurchfälle.

ESSBARE DOPPELGÄNGER

Ähnliche essbare Arten unterscheiden sich entweder durch Verfärbung oder, wie der **Gemeine Erd-Ritterling** (62 A), durch fehlenden Mehlgeschmack. Sie sind auch stets dünnstieliger.

Schärflicher Erd-Ritterling
Tricholoma sciodes

Juli – Oktober
Laubwälder
Hut 3–8 cm

HUT jung gewölbt, dann geschweift ausgebreitet, mit stumpfem Buckel, metallisch schwarzviolettgrau, schuppig bis radialfaserig auf hellem Grund. **LAMELLEN** weiß, mit schwach rosa Ton, älter mit schwarzen Flecken auf der Schneide, aufsteigend, schmal angewachsen und mit Zahn herablaufend. **SPORENPULVER** weiß. **STIEL** 3–8 cm lang, 0,5–1,5 cm breit, zylindrisch, weiß, etwas dunkler überfasert. **FLEISCH** weißlich; Geschmack nach längerem Kauen scharf; Geruch schwach erdig. **VORKOMMEN** unter Buchen, auf basischen Lehmböden. **VERWECHSLUNGEN** Der sofort scharfe Brennendscharfe Erd-Ritterling *(T. virgatum)* mit glockigem Hut wächst im Nadelwald. Die essbaren Rötender *(T. orirubens)* und Gilbender Erd-Ritterling *(T. scalpturatum)* unterscheiden sich durch Mehlgeschmack und Verfärbung.

ESSBARER DOPPELGÄNGER

Der **Gemeine Erd-Ritterling** (62 A) kann mit dem Schärflichen Erd-Ritterling verwechselt werden, unterscheidet sich aber durch mildes Fleisch.

Striegeliger Rübling
Gymnopus (Collybia) hariolorum

Mai – September
Laubwald
Hut 2–5 cm

HUT konvex bis abgeflacht, manchmal mit stumpfem Buckel, cremefarben bis blass bräunlich, Mitte mehr rötlich braun, Rand feucht, kurz gerieft, scharf; Haut glatt, matt. **LAMELLEN** ausgebuchtet angewachsen, etwas gedrängt, schmal. **SPORENPULVER** cremerosa. **STIEL** bis 6 cm lang, bis 0,5 cm breit, voll bis hohl, weißlich bis blassgelb, feinfilzig, im unteren Teil meist deutlich mit Borstenhaaren bedeckt (striegelig). **FLEISCH** blass; Geruch stark nach faulendem Kohl; Geschmack nach altem Kohl. **VORKOMMEN** gesellig, meist büschelig. **WERT** Der Pilz verursacht Verdauungsstörungen. **VERWECHSLUNGEN** können vorkommen mit verschiedenen anderen nicht essbaren Rüblingen, wie zum Beispiel dem schlankeren Knopfstiel-Rübling *(Gymnopus confluens)*. Manche haben sogar denselben üblen Kohlgeruch.

ESSBARER DOPPELGÄNGER

Sehr ähnlich sieht der genießbare Waldfreund-Rübling *(Gymnopus dryophilus)* aus, der sich durch fehlenden Kohlgeruch und den bis zur Basis glatten Stiel unterscheidet.

Brennender Rübling
Gymnopus peronatus

Juli – November
Laub- und Nadelwald
Hut 2–6(–8) cm

HUT flach gewölbt, bald flach und alt mit aufgebogenem Rand, gelb- bis rosabraun, feucht mit etwas metallisch wirkender Streifung, trocken stark ausblassend. **LAMELLEN** aufsteigend, fast frei, manchmal ringartig verwachsen, auffallend entfernt, mit charakteristisch bräunlich-gelbem Ton, gedrückt mit Geruch nach Essigessenz. **SPORENPULVER** weiß. **STIEL** 3–8 cm lang, 0,2–0,5 cm breit, blass gelbbraun, lederfarben, sehr elastisch, an der Basis gelb striegelig. **FLEISCH** hell ledergelb, dünn, biegsam bis zäh; frisch mit leichtem Essiggeruch; Geschmack nach längerem Kauen deutlich scharf. **VORKOMMEN** Laub- und Nadelwälder, vor allem in der Laubstreu, stets gesellig. **VERWECHSLUNGEN** Eine ganze Anzahl von Rüblingen und Schwindlingen kann ähnlich aussehen, keiner davon schmeckt jedoch scharf.

ESSBARER DOPPELGÄNGER

Der **Nelken-Schwindling** (72 A) wächst in Hexenringen an grasigen Plätzen, hat keinen Essig-Geruch und ist zudem einheitlich lederbraun bis creme gefärbt.

Breitblättriger Rübling
Megacollybia (Clitocybula) platyphylla

Mai – Oktober
an Laub- und Nadelholz
Hut 5–15 cm

HUT jung halbkugelig bis glockig, bald ausgebreitet, grau-, rauch- oder hell olivbraun, manchmal hell olivgrau oder schmutzig weiß, Mitte meist dunkler, eingewachsen faserig. **LAMELLEN** sehr breit, entfernt stehend, ausgebuchtet angewachsen, blass weißlich bis cremefarben. **SPORENPULVER** weiß. **STIEL** 5–10(–15) cm lang, faserig gestreift und rillig, schmutzig weiß, an der Basis mit starken, auffällig langen, weißen Myzelsträngen. **FLEISCH** im Hut sehr dünn, im Stiel langfaserig, weiß; geruchlos; Geschmack etwas bitter. **VORKOMMEN** an modrigem Laub- und Nadelholz. **WERT** Die Art kann Magen-Darm-Beschwerden verursachen. **VERWECHSLUNGEN** Verwechslungsmöglichkeiten bestehen mit dem dünnstieligen, wurzelnden Grubigen Wurzelrübling *(Xerula radicata)* und dem März-Schneckling *(Hygrophorus marzuolus)*.

ESSBARE DOPPELGÄNGER

Ritterlinge mit grau-schwarzem Hut wie der **Schwarzfaserige Ritterling** (64 A) oder der **Gemeine Erd-Ritterling** (62 A) sind viel fleischiger.

Langstieliger Knoblauch-Schwindling
Mycetinis alliaceus

Juni – November
Buchenwald
Hut 2–4 cm

HUT jung glockig, später gewölbt, Mitte niedergedrückt, Rand gerieft; Haut matt, trocken blassbraun mit dunklerem Scheitel, feucht dunkelbraun. **LAMELLEN** am Stiel angeheftet, schmutzig weiß bis cremefarben. **SPORENPULVER** hell cremefarben. **STIEL** 6–15 (–20) cm lang, 0,3–0,6 cm breit, hohl, dunkel- bis schwarzbraun, glanzlos, an der Spitze blass, Basis erweitert, striegelig bis filzig. **FLEISCH** dünn, weißlich bis grau; Geruch und Geschmack knoblauchartig. **VORKOMMEN** in feuchten Buchenwäldern, gern auf kalkreichen Böden, meist an morschem Buchenholz. **WERT** ungenießbar, wird bisweilen aber als Würzpilz verwendet. **VERWECHSLUNGEN** Der Pilz ist am schwarzen, starren Stiel und dem starken Geruch gut zu erkennen. Sehr ähnlich ist der ebenfalls ungenießbare Große Knoblauch-Schwindling *(Mycetinis querceus)*.

ESSBARER DOPPELGÄNGER

Kleiner ist der **Echte Knoblauch-Schwindling** (70 A), der einen eher rotbräunlichen und weitaus kürzeren Stiel besitzt und auf Nadelstreu und anderen Pflanzenresten wächst.

Fichtenzapfen-Helmling
Mycena plumipes

März – Juni
Fichtenwälder
Hut 1,5–4 cm

HUT glockig, auch alt oft höher als breit, mit stumpfem Buckel, graubraun bis grau, abgetrocknet heller glatt, gerieft, Hutrand glatt oder etwas gekerbt. **LAMELLEN** weiß, im Alter oft rosa getönt, aufsteigend angewachsen, am Grund meist mit runzeligen Querverbindungen (Anastomosen). **SPORENPULVER** weiß. **STIEL** 3–7 cm lang, 0,2–0,4 cm breit, silbrig-grau, weißlich, nach unten schwach dunkler, brüchig, hohl, an der Basis mit striegeligen Härchen. **FLEISCH** wässrig weißlich-grau, brüchig; Geschmack mild; mit (frisch) deutlichem nitrösem Geruch (Chlorwasser). **VORKOMMEN** in Fichtenwäldern auf Fichtenzapfen. **VERWECHSLUNGEN** Unter den vielen ähnlich aussehenden Helmlingen wachsen nur wenige auf Zapfen. Diese haben entweder eine rote gefärbte Lamellenschneide, oder es fehlt ihnen der Chlorgeruch.

ESSBARER DOPPELGÄNGER

Der **Fichtenzapfen-Nagelschwamm** (74 A) kommt zur selben Zeit vor und kann sogar auf demselben Zapfen wachsen. Er ist flachhütig, hat einen Farbverlauf im Stiel und keinen Chlorgeruch.

Gemeiner Rettich-Helmling
Mycena pura

Mai – November
Laub- und Nadelwald
Hut 2–5(–8) cm

HUT erst glockig, bald flach, mit stumpfem Buckel, veränderlich, blasslila, violettlich, rosa, selten blau oder weiß, Rand gerieft; glatt, stark ausblassend. **LAMELLEN** ausgebuchtet angewachsen, etwas blasser als der Hut. **SPORENPULVER** weiß. **STIEL** 4–7 cm lang, dünn, röhrig, brüchig, hutfarben oder blasser, Basis striegelig. **FLEISCH** sehr dünn, brüchig, wässrig, weißlich; Geruch und Geschmack deutlich nach Rettich. **VORKOMMEN** in Wäldern aller Art, ziemlich häufig. **WERT** wurde früher als Mischpilz bezeichnet, wirkt in größerer Menge aber giftig. **VERWECHSLUNGEN** Ebenfalls giftig ist der im Buchenwald wachsende Rosa Rettich-Helmling *(Mycena rosea)* sowie der Schwarzgezähnelte Rettich-Helmling *(Mycena pelianthina)*, der eine schwarz unterlegte Lamellenschneide zeigt.

ESSBARE DOPPELGÄNGER

Ähnlich sind die Lacktrichterlinge, insbesondere der **Violette Lacktrichterling** (54 A). Er hat dunklere Lamellen und riecht nie nach Rettich.

Ohrförmiger Weißseitling
Pleurocybella porrigens

August – November
morsches Nadelholz
Hut 2–6 cm

HUT flach gewölbt bis leicht konkav, muschel- bis fächerförmig, stiellos am Substrat angewachsen, rein weiß, im Alter etwas gilbend, dünn, glatt, Rand ungerieft. **LAMELLEN** weiß, alt leicht rahmfarben, relativ eng stehend. **SPORENPULVER** weiß. **STIEL** fehlend, um die Anwachsstelle herum leicht filzig. **FLEISCH** weiß, dünn, biegsam; Geschmack mild; ohne spezifischen Geruch. **VORKOMMEN** auf morschem Nadelholz, vor allem Fichte, in Gebieten mit hohen Niederschlagsmengen, vor allem in Hochlagen der Mittelgebirge. **VERWECHSLUNGEN** Ähnliche weiße Pilze mit muschelförmigen Fruchtkörpern gibt es in den Gattungen Zwergknäuelinge *(Panellus)*, Stummelfüßchen *(Crepidotus)* und Harpunenschwämme *(Hohenbuehelia)*. All diese Arten haben aber wenigstens einen angedeuteten Stielansatz.

ESSBARER DOPPELGÄNGER

Der sehr ähnliche **Lungen-Seitling** (76 A) wächst stets auf Laubholz und hat wenigstens einen Stielansatz, an dem die Lamellen ein Stück herablaufen.

Gelbstieliger Muschel-Seitling
Sarcomyxa serotina (Panellus serotinus)

Oktober – Januar
auf Laubholz
Hut 3–10 cm

HUT muschel- bis nierenförmig, olivgrün, olivgelb, gelbbraun, trocken, fein braunfilzig, später kahl, feucht schmierig. **LAMELLEN** breit angewachsen oder etwas herablaufend, gedrängt, blass- bis ockergelb. **SPORENPULVER** weiß. **STIEL** 0,5–3 cm lang, 1–2 cm breit, randständig, gelb-ocker mit feinen, bräunlichen Schuppen. **FLEISCH** blass, an der Anwachsstelle dick, zum Rand hin dünn; Geruch pilzartig; Geschmack mild bis etwas bitter. **VORKOMMEN** auch in milden Wintern, gesellig bis dachziegelartig auf lebenden oder abgestorbenen Stämmen und Stümpfen verschiedener Laubhölzer, selten an Nadelholz. **WERT** Der Pilz kann bei empfindlichen Personen Magen-Darm-Beschwerden verursachen. **VERWECHSLUNGEN** Alte Exemplare können etwas an den an Nadelholz wachsenden Samtfuß-Krempling *(Tapinella atrotomentosa)* erinnern.

ESSBARER DOPPELGÄNGER

Die Art wird oft mit dem ebenfalls an Laubholz wachsenden, essbaren **Austern-Seitling** (78 A) verwechselt, der jedoch eher grauviolett ist und weder gelbe Lamellen noch Stiel hat.

Buchen-Knäueling

Panus conchatus (Lentinus torulosus)

Juli – November
an Laubholz
Hut 4–10 cm

HUT flach gewölbt, bald vertieft und zuletzt tief trichterförmig, jung violett, bald blasser und zu ocker umfärbend, alt vollständig ocker, glatt oder seltener etwas schuppig werdend. **LAMELLEN** weißlich mit fleischfarbener Tönung, ziemlich dicht stehend, weit am Stiel herablaufend. **SPORENPULVER** weiß. **STIEL** 1–4 cm hoch, 0,5–1,2 cm breit, blass ockerlich, oft exzentrisch oder seitlich ansitzend, an der Basis mit striegeligem Filz. **FLEISCH** weißlich-creme, zäh; Geschmack mild; mit angenehmem, etwas parfümiertem Geruch. **VORKOMMEN** auf wenig zersetztem, dickem Laubholz (Stubben, Stämme), vor allem Buche oder Birke. **VERWECHSLUNGEN** Neben der farblichen Ähnlichkeit mit dem **Schweinsohr** (156 A), das aber am Boden wächst, gibt es bei den Knäuelingen noch weitere ähnliche Holz bewohnende Arten.

ESSBARER DOPPELGÄNGER

Bei seitlich gestielten Fruchtkörpern ist eine Verwechslungsmöglichkeit mit dem **Austern-Seitling** (78 A) gegeben, der weniger zäh ist und eine etwas andere Färbung aufweist.

Frühlings-Rötling, Frühlings-Glöckling
Entoloma vernum

März – Juni
Laub- und Nadelwald
Hut 2–6 cm

HUT jung kegelig bis glockig, später ausgebreitet, gebuckelt, horn- bis kastanienbraun, trocken hellgrau- bis beigebraun, Rand schwach gerieft, feucht fettig glänzend, sehr fein radialrinnig. **LAMELLEN** knapp angewachsen, lange blassgrau, später graurötlich. **SPORENPULVER** bräunlichrosa. **STIEL** 4–7 cm lang, 0,3–0,7 cm breit, oft gedreht oder flach gedrückt, längsfaserig, alt hohl, zerbrechlich, hutfarben. **FLEISCH** dünn, schmutzig graubraun; Geruch schwach; Geschmack mild. **VORKOMMEN** meist gesellig an grasigen Stellen, auch außerhalb von Wäldern. **WERT** Der Frühlings-Glöckling verursacht Magen-Darm-Vergiftungen. **VERWECHSLUNGEN** Unter den Rötlingen *(Entoloma)* gibt es Dutzende ähnliche giftige und verdächtige Arten.

ESSBARER DOPPELGÄNGER

Auf Fichtenzapfen wächst im zeitigen Frühjahr der ähnliche, etwas kleinere, essbare **Fichtenzapfen-Nagelschwamm** (74 A). Achtet man auf dessen weißes Sporenpulver, so sollten Verwechslungen mit dem Frühlings-Rötling ausbleiben.

Riesen-Rötling

Entoloma sinuatum (Entoloma lividum)

Juni – Oktober
Laubwald
Hut 5–15(–20) cm

HUT jung gewölbt, dann abgeflacht, stumpf gebuckelt, hell beige- bis bräunlich grau, radial feinfaserig, trocken, seidig glänzend. **LAMELLEN** ausgebuchtet angewachsen, anfangs aprikosen-gelblich, später lachsfarben bis rosa. **SPORENPULVER** rosa. **STIEL** 5–12 cm lang, kräftig, keulig-bauchig, Basis oft etwas verdickt, weißlich oder blass graucreme. **FLEISCH** fest, weißlich; Geruch stark mehl- bis gurkenartig; Geschmack mild, angenehm. **VORKOMMEN** im Laubwald, gern bei Eichen und Rotbuchen, auf Kalkböden. **WERT** Der Riesen-Rötling verursacht schwere Brechdurchfälle. **VERWECHSLUNGEN** Neben ähnlichen, giftigen Rötlingen haben eine ganze Reihe weiterer rosasporiger Pilze wie der essbare **Mehl-Räsling** (82 A) oder der Würzige Tellerling *(Rhodocybe gemina)* starke Ähnlichkeit mit dem Riesen-Rötling.

ESSBARE DOPPELGÄNGER

Abgesehen vom rosabraunen Sporenpulver sehen der Isabellrötliche Schneckling *(Hygrophorus poetarum)*, der **Mai-Ritterling** (58 A) und der **Reifpilz** (120 A) sehr ähnlich aus.

72 B

Grünlichgrauer Dachpilz, Grauer Dachpilz
Pluteus salicinus

Mai – September
an Laubholz
Hut 2–7 cm

HUT jung gewölbt, später flach niedergedrückt mit schwachem Buckel, blassgrau, graugrünlich, Mitte dunkler; Haut glatt bis fein radial gestreift. **LAMELLEN** am Stiel frei, gedrängt stehend, weiß, später rosa. **SPORENPULVER** rosabraun. **STIEL** 3–7 cm lang, 0,2–0,8 cm breit, weiß, zur Basis hin bisweilen graugrün überhaucht, fein weiß überfasert, zerbrechlich. **FLEISCH** dünn, weißlich; Geruch rettichartig; Geschmack mild. **VORKOMMEN** in feuchten Wäldern auf totem Laubholz. **WERT** Der Grünlichgraue Dachpilz enthält Psilocybin, ein Wirkstoff, der Rauschzustände und Halluzinationen verursacht. **VERWECHSLUNGEN** Neben einigen ähnlichen Dachpilzen (zum Beispiel *Pluteus cinereofuscus*) sieht auch der **Große Scheidling** (86 A) recht ähnlich aus, wenn man nicht auf dessen Volva achtet.

ESSBARE DOPPELGÄNGER

Alle anderen Dachpilzarten sind essbar, wenn auch nicht wohlschmeckend. Der häufigste unter ihnen ist der braunhütige **Rehbraune Dachpilz** (84 A).

Grüner Knollenblätterpilz
Amanita phalloides

Juli – November
Laub- und Mischwald
Hut 4–12(–15) cm

HUT jung halbkugelig, dann gewölbt, alt flach, gelb- bis olivgrün, selten weiß, dunkler eingewachsen faserig; Huthaut komplett abziehbar. **LAMELLEN** frei oder schmal angeheftet, weiß. **SPORENPULVER** weiß. **STIEL** 5–12 cm lang, 0,5–1,5 cm breit, zylindrisch, mit von einer Volva umhüllten Knolle (bis 3 cm breit), weiß, grün genattert, mit weißem, hängendem Ring. **FLEISCH** weiß, unter dem Hut mit grüner Zone; Geruch zunehmend nach Kunsthonig; Geschmack mild (Geschmacksprobe vermeiden!). **VORKOMMEN** in Laubwäldern, vor allem bei Eiche und Buche, selten unter Fichten. **WERT** tödlich giftig (Lebergift), lange Latenzzeit von > 6 Stunden! **VERWECHSLUNGEN** Ähnlich ist der bei uns als giftig geltende **Gelbe Knollenblätterpilz** (86 B), der aber in manchen Ländern (Russland) als Speisepilz gilt.

ESSBARE DOPPELGÄNGER

Verwechslungen mit **Egerlingen** (100 A – 104 A), deren Lamellen nie weiß bleiben. Auch grüne **Täublinge** (128 A, 130 A) oder der **Große Scheidling** (86 A) können sehr ähnlich aussehen!

Kegelhütiger Knollenblätterpilz

Amanita virosa

Juni – Oktober
Laub- und Nadelwald
Hut 4–8(–10) cm

HUT jung eiförmig, dann kegelig bis glockig, selten alt flach, weiß, feucht klebrig, Rand eingebogen und schief, ungerieft; Huthaut komplett abziehbar. **LAMELLEN** frei oder schmal angeheftet, weiß. **SPORENPULVER** weiß. **STIEL** 6–12 cm lang, 0,5–1,2 cm breit, zylindrisch, Knolle (bis 3 cm breit) von einer Volva umhüllt, weiß, von weißen, sahnigen Velumflocken bedeckt, mit weißem, hängendem Ring. **FLEISCH** weiß; Geruch rettichartig; Geschmack mild (Geschmacksprobe vermeiden!). **VORKOMMEN** in sauren Buchen- und Fichtenwäldern und Mooren. **WERT** tödlich giftig wie der Grüne Knollenblätterpilz (76 B). **VERWECHSLUNGEN** Viele essbare weiße **Egerlinge** (100 A – 104 A) und Schnecklinge *(Hygrophorus)* oder der Seidige Ritterling *(Tricholoma columbetta)* können mit diesem Knollenblätterpilz verwechselt werden.

ESSBARE DOPPELGÄNGER

Verschiedene Wulstlingsarten sind ebenfalls weiß oder können Albinos ausbilden, die dann sehr ähnlich aussehen, zum Beispiel der **Graue Scheidenstreifling** (96 A).

Pantherpilz
Amanita pantherina

Juni – Oktober
Laub- und Nadelwald
Hut 5–10 cm

HUT jung halbkugelig, alt flach ausgebreitet, graubräunlich, graugelblich bis dunkelbraun, mit zahlreichen weißen Flöckchen, Rand zumindest bei älteren Pilzen gerieft. **LAMELLEN** frei bis schmal angewachsen, weiß. **SPORENPULVER** weiß. **STIEL** 5–12 cm lang, 0,5–2 cm dick, weiß; Ring ungerieft, schmal, weiß; Knolle wulstig-gerandet mit mehreren Gürtelzonen. **FLEISCH** weiß; Geruch fehlend oder schwach rettichartig; Geschmack mild. **VORKOMMEN** Laub- und Nadelwälder, Parks, vor allem unter Eiche, Kiefer und Fichte. **WERT** Vergiftungen können tödlich verlaufen. **VERWECHSLUNGEN** Der Pantherpilz kann von unerfahrenen Pilzsammlern sehr leicht mit anderen giftigen und essbaren braunhütigen Wulstlingen *(Amanita)* verwechselt werden.

ESSBARE DOPPELGÄNGER

Häufig kommen Verwechslungen mit dem **Grauen Wulstling** (92 A) und dem **Perlpilz** (90 A) vor. Beide haben einen gerieften Ring, letzterer immer irgendwo fleischrosa Töne.

Fliegenpilz, Roter Fliegenpilz
Amanita muscaria

Juli – Oktober
Nadel- und Laubwald
Hut 5–15(–30) cm

HUT jung halbkugelig, dann gewölbt, alt flach, Rand oft aufgebogen, orange bis rot, mit weißen bis gelblichen Hüllresten komplett bedeckt, gerieft; Huthaut komplett abziehbar. **LAMELLEN** frei oder schmal angeheftet, weiß. **SPORENPULVER** weiß. **STIEL** 6–15 cm lang, 1–2 cm breit, zylindrisch, weiß; Knolle (bis 3,5 cm breit) mit groben Warzengürteln bedeckt, mit weißem, hängendem Ring. **FLEISCH** weiß, unter der Huthaut orangegelb; Geruch unspezifisch; Geschmack mild. **VORKOMMEN** in sauren Laub- und Nadelwäldern, vor allem unter Birke und Fichte. **WERT** giftig, kann auch halluzinogen wirken. **VERWECHSLUNGEN** Südeuropäer halten abgewaschene Fliegenpilze manchmal für den wohlschmeckenden **Kaiserling** (88 A), der aber einen gelben Stiel und gelbe Lamellen sowie eine Volva hat.

ESSBARER DOPPELGÄNGER

Noch geschlossene Fliegenpilze sehen **Flaschen-Stäublingen** (172 A) täuschend ähnlich, sind aber viel fester und haben im Schnittbild eine rote Linie unter dem Hut.

Brauner Fliegenpilz, Königs-Fliegenpilz
Amanita regalis

Juli – Oktober
Fichtenwald
Hut 10–15 cm

HUT jung fast kugelig, bald gewölbt bis ausgebreitet, umbra-, gelb- oder lederbraun, mit braun- bis schwefelgelben Velumresten, Rand gerieft; Haut komplett abziehbar. **LAMELLEN** frei oder schmal angeheftet, dicht stehend, weiß. **SPORENPULVER** weiß. **STIEL** bis 20 cm lang, bis 2,5 cm breit, zylindrisch, weißlich bis gelblichweiß; Ring weiß, hängend, mit gelbem Saum; Knolle mit mehreren Warzengürteln. **FLEISCH** weiß, unter der Huthaut gelblich; Geruch und Geschmack unspezifisch. **VORKOMMEN** saure Berg-Nadelwälder, skandinavisch-herzynische Art. **WERT** giftig. **VERWECHSLUNGEN** Die Art kann mit anderen essbaren und giftigen Wulstlingen, wie dem ebenfalls im Nadelwald wachsenden giftigen **Porphyrbraunen Wulstling** (90 B), dem **Pantherpilz** (80 B) oder alten **Fliegenpilzen** (82 B) verwechselt werden.

ESSBARE DOPPELGÄNGER

Ähnlich sehen vor allem der unberingte **Riesen-Scheidenstreifling** (94 A) und der **Graue Wulstling** (92 A) mit gerieftem Ring ohne Bordüre aus.

Gelber Knollenblätterpilz, Gelber Wulstling
Amanita citrina

Juli – November
Laub- und Nadelwald
Hut 5–10(–12) cm

HUT jung halbkugelig, dann gewölbt bis ausgebreitet, blass zitronengelb, bisweilen gelblich grün, auch ganz weiß, glatt, glänzend, mit unregelmäßigen, weißgelblichen, scholligen Flocken, Rand glatt. **LAMELLEN** gedrängt, weich, frei, weißlich bis blassgelb. **SPORENPULVER** weiß. **STIEL** 5–12 cm lang, 0,8–1,5 cm breit, zylindrisch, weißlich oder gelblich, schwach genattert; Ring blassgelb, häutig, hängend, nicht oder nur schwach gerieft; Knolle rundlich, durch einen kantig gerandeten Wulst vom Stiel abgesetzt. **FLEISCH** weiß, dünn; Geruch nach alten Kartoffeln; Geschmack rettichartig-erdig. **VORKOMMEN** einzeln bis gesellig, besonders auf sauren Böden. **WERT** Der Pilz wird in der Literatur als minderwertig bis schwach giftig bezeichnet, von seinem Genuss ist abzuraten. **VERWECHSLUNGEN** Der **Narzissengelbe Wulstling** (88 B) hat weiße Hüllreste und etwas wärmer gelbe Hutfarben.

ESSBARER DOPPELGÄNGER

Der wenig bekannte Getropfte Schleimschirmling *(Limacella guttata)* sieht ähnlich aus, riecht aber mehlig-gurkig.

Narzissengelber Wulstling
Amanita gemmata

Mai – Oktober
Laub- und Nadelwald
Hut 3–8 cm

HUT jung gewölbt, alt flach ausgebreitet, wachsgelb bis hell ocker, mit weißen, abwischbaren Velumflocken bedeckt, Rand gerieft. **LAMELLEN** weiß, ziemlich eng stehend, meist nicht am Stiel angewachsen. **SPORENPULVER** weiß. **STIEL** 4–8(–10) cm lang, 0,5–1,2 cm breit, zylindrisch, basal mit runder Knolle, die einen abgerundeten Randwulst aufweist; mit weißem, hängendem, instabilem Ring, der oberseits nicht gerieft ist. **FLEISCH** weiß, weich; Geruch und Geschmack schwach nach Radieschen. **VORKOMMEN** Nadelwälder, besonders unter Kiefern, selten im Laubwald. **VERWECHSLUNGEN** Untypische Exemplare können leicht mit anderen Wulstlingen wie dem **Gelben Knollenblätterpilz** (86 B) verwechselt werden, aber auch mit gelblichen Exemplaren des essbaren **Perlpilzes** (90 A).

ESSBARER DOPPELGÄNGER

Wenn der vergängliche Ring abgefallen ist und beim Ernten nicht auf die Knolle geachtet wird, können Verwechslungen mit dem **Orangegelben Scheidenstreifling** (98 A) vorkommen.

Porphyrbrauner Wulstling
Amanita porphyria

Juli – Oktober
Nadelwald
Hut 4–8 cm

HUT jung stumpfkegelig bis glockig, alt flach ausgebreitet, porphyrbraun, grauviolett, braungrau, Hüllreste häutig, gräulich, Rand glatt, nicht gerieft. **LAMELLEN** frei bis schmal angewachsen, eng stehend, weißlich, alt dunkler. **SPORENPULVER** weiß. **STIEL** 6–9 cm lang, bis 1,5 cm breit, zylindrisch; Basis mit auffallend gerandeter Knolle (bis 4 cm), weißlich oder hutfarben, unterhalb des Rings bisweilen genattert; Ring dünn, zart, unterseits grauviolett, hängend, vergänglich. **FLEISCH** weißlich; Geruch muffig, nach Kartoffeln oder Rettich; Geschmack rettichartig. **VORKOMMEN** besonders im Nadelwald, auf sauren Böden. **WERT** verursacht Magen-Darm-Störungen und Erbrechen. **VERWECHSLUNGEN** Der Porphyrbraune Wulstling kann leicht mit anderen giftigen und essbaren braun- bis rothütigen Wulstlingen verwechselt werden.

ESSBARER DOPPELGÄNGER

Achtet man nicht auf den gefärbten Ring, so sind Verwechslungen mit dem **Grauen Wulstling** (92 A) vorherzusehen!

Karbol-Egerling
Agaricus xanthodermus

Mai – Oktober
Wälder, Wiesen
Hut 5–12 cm

HUT jung halbkugelig bis abgestutzt, später ausgebreitet, kalkweiß, Mitte oft blassbraun, an Druckstellen sofort chromgelb verfärbend. **LAMELLEN** ziemlich schmal, dicht stehend, frei, jung blass- bis graurosa, alt dunkelbraun. **SPORENPULVER** dunkel violettbraun. **STIEL** 4–8 cm lang, 1–2 cm breit, hutfarben, mit knolliger Basis; Ring dauerhaft, unterseits sternförmig gezähnt. **FLEISCH** weißlich, Stielbasis im Schnitt chromgelb (!); Geruch nach Karbol oder Tinte; Geschmack mild. **VORKOMMEN** in Gruppen in lichten Wäldern, an Waldrändern, in Wiesen, Parkanlagen und Gärten. **WERT** magen-darm-giftig, auch wenn es Leute gibt, denen er keine Beschwerden verursacht. **VERWECHSLUNGEN** Es gibt mehrere ähnliche Varietäten wie zum Beispiel der dunkelschuppige Perlhuhn-Egerling *(Agaricus praeclaresquamosus)*.

ESSBARE DOPPELGÄNGER

Der **Dünnfleischige Anis-Egerling** (100 A) ebenso wie alle weiteren essbaren **Egerlinge** (102 A, 104 A) haben kein chromgelbes Fleisch in der Stielbasis.

Gift-Grünsporschirmling
Chlorophyllum venenatum

Juni – Oktober
Gärten, Gewächshäuser
Hut 8–20 cm

HUT jung halbkugelig, später flach ausgebreitet, weiß bis cremeweiß mit brauner Kappe und dunkelbraunen, kräftigen Schuppen auf der Huthaut, die von der Hutdeckschicht stammen. **LAMELLEN** weich, weiß, alt schwach rosa getönt. **SPORENPULVER** weiß. **STIEL** 10–20 cm lang, 1–2 cm breit, schmutzigweiß, färbt sich auf Druck safranrötlich; mit auffälliger, dicker, gerandeter Knolle; Ring einfach, schwach ausgebildet. **FLEISCH** weiß, im Schnitt safran- bis weinrötlich; Geruch unangenehm muffig. **VORKOMMEN** hin und wieder in wärmeren Gebieten in Gärten, Kompostanlagen und Gewächshäusern, meist büschelig. **WERT** magen-darm-giftig. **VERWECHSLUNGEN** Die Art ist abgesehen vom Standort kaum von einigen anderen Grünsporschirmlingen zu unterscheiden.

ESSBARE DOPPELGÄNGER

Der **Safran-Grünsporschirmling** (106 A) unterscheidet sich durch kleinere, dachziegelartige Hutschuppen, nicht so aber
94 B seine Gartenform *(Chlorophyllum brunneum)*.

Büscheliger Egerlingsschirmling

Leucoagaricus (Leucocoprinus) americanus

Juli – Oktober
Gärten, Parks
Hut 8–10(–18) cm

HUT anfangs glockig, später gewölbt bis ausgebreitet, mit stumpfem Buckel, auf hellem Grund mit rotbräunlichen, konzentrischen Schuppen bedeckt, Scheitel braun. **LAMELLEN** frei, gedrängt, erst weiß, dann cremefarben, bei Verletzung safranfarben verfärbend. **SPORENPULVER** cremeweiß. **STIEL** 8–15 cm lang, bis 3 cm breit, zylindrisch, zur Basis hin zugespitzt oder knollig; Ring dünn, hängend, vergänglich, oberhalb des Ringes weiß, unterhalb rotbraun, bald purpurbraun, alt schwärzend, beim Reiben chromgelb verfärbend. **FLEISCH** weiß, im Schnitt erst gilbend, dann rötend; Geruch angenehm; Geschmack mild. **VORKOMMEN** an nährstoffreichen Stellen, büschelig. **WERT** giftig. **VERWECHSLUNGEN** Dieser Pilz kann mit ähnlich großen, am gleichen Standort vorkommenden ungenießbaren Egerlingsschirmlingen verwechselt werden.

ESSBARE DOPPELGÄNGER

Beim essbaren **Parasol** (108 A) färbt sich das Fleisch nicht rot. Der **Safran-Grünsporschirmling** (106 A) ist im Ganzen dunkler gefärbt, sein Fleisch verfärbt sich aber ganz ähnlich.

Spitzschuppiger Stachelschirmling

Lepiota aspera (Echinoderma asperum)

August – Oktober
Laub- und Nadelwald
Hut 4–15 cm

HUT jung glockig, alt flach ausgebreitet, auf hellem Grund mit gelb- bis dunkelbraunen, spitzkegeligen, abreibbaren Schuppen, Rand jung mit feinfädigem Schleier. **LAMELLEN** frei, sehr eng stehend, häufig gegabelt, weiß, später cremefarben. **SPORENPULVER** weiß. **STIEL** bis 12 cm lang, zylindrisch, erst voll, bald hohl, unterhalb des Rings haselnussbraun, darüber weißlich oder hutfarben; Ring breit, häutig, hängend, nicht sehr dauerhaft; Basis meist knollig. **FLEISCH** weich, weiß, etwas bräunend; Geruch und Geschmack widerlich. **VORKOMMEN** auch an Wegrändern und in Gärten. **WERT** magen-darm-giftig, zusätzlich mit Alkohol das Coprinus-Syndrom auslösend. **VERWECHSLUNGEN** Unter den Stachelschirmlingen befinden sich mehrere ähnliche Arten, die entfernter stehende Lamellen und keinen echten Ring haben.

ESSBARE DOPPELGÄNGER

Parasol (108 A) und **Safran-Grünsporschirmling** (106 A) sind oft ähnlich, unterscheiden sich aber durch den beweglichen Stielring und angenehmeren Geruch.

Stink-Schirmling
Lepiota cristata

Juni – Oktober
Laub- und Nadelwald
Hut 1–4 cm

HUT anfangs halbkugelig, bald kegelig bis glockig, dann gewölbt mit stumpfem Buckel, weißlich mit feinen rotbraunen mehr oder weniger konzentrisch angeordneten Schüppchen, Scheitel glatt, rotbraun, Rand lang eingebogen, bisweilen fransig behangen. **LAMELLEN** am Stiel frei, gedrängt stehend, weiß, später gelblich, alt rostfleckig. **SPORENPULVER** weiß. **STIEL** 4–6 cm lang, bis 0,4 cm breit, zylindrisch, hohl, faserig, weißlich bis blass fleischbraun; Ring trichterförmig aufsteigend, sehr vergänglich, weiß; Basis verdickt. **FLEISCH** weiß; Geruch und Geschmack widerlich unangenehm. **VORKOMMEN** meist gesellig, gern auch an Waldwegen unter Gras und Kräutern, auch in Gärten und Parkanlagen. **WERT** giftig. **VERWECHSLUNGEN** Es gibt viele ähnliche, giftige Schirmlinge, die oft nur mit dem Mikroskop bestimmbar sind.

ESSBARER DOPPELGÄNGER

Ähnlich sehen kann der Triften-Zwerg-Egerling *(Agaricus semotus)*, der allerdings rosa bis braune Lamellen und Anisgeruch besitzt.

Fleischrosa Schirmling
Lepiota subincarnata

Juni – Oktober
Wälder, Gärten
Hut 1,5–4 cm

HUT gewölbt, alt flach, meist schwach gebuckelt, rosa bis blass fleischfarben, konzentrisch aufschuppend und nur die Mitte geschlossen bleibend. **LAMELLEN** weiß, manchmal etwas rosa getönt (vor allem an der Schneide), frei. **SPORENPULVER** weiß. **STIEL** 2–4 cm lang, 0,2–0,5 cm breit, zylindrisch, basal oft mit kleinem Knöllchen, weiß, von unten her mit rosafarbenen Velumgürteln und -flocken besetzt, die in einer Faserzone enden. **FLEISCH** weiß, in der Stielrinde rosa, mild, mit leicht chemischem oder fruchtigem Geruch. **VORKOMMEN** in nährstoffreichen Laubwäldern (Auwald), an Wegrändern, in Gärten und Parks. **VERWECHSLUNGEN** Abgesehen von etwa zehn weiteren ähnlich gefärbten, gleichfalls tödlich giftigen Schirmlingen wurde schon von Verwechslung mit dem **Hallimasch** (56 A) berichtet.

ESSBARE DOPPELGÄNGER

Ähnlich in Statur und Größe sind der Triften-Zwerg-Egerling *(Agaricus semotus)* und weitere Zwerg-Egerlings-Arten. Sie haben dunkelbraunes Sporenpulver.

Olivblättriger Schirmling
Lepiota elaiophylla

ganzjährig
Warmhäuser, Blumentöpfe
Hut 1,5–4 cm

HUT gewölbt, alt flach, meist schwach gebuckelt, olivgelb bis bräunlichgelb, konzentrisch aufschuppend und nur die Mitte geschlossen bleibend. **LAMELLEN** gelblichweiß, frei. **SPORENPULVER** weiß. **STIEL** 2–4 cm lang, 0,2–0,5 cm breit, zylindrisch, an der Basis etwas dicker, weiß, von unten her mit olivgelben Velumgürteln und -flocken besetzt, die in einer Faserzone enden. **FLEISCH** weiß, in der Stielrinde olivgelblich; Geschmack mild; mit leicht chemischem Geruch (ähnlich den Stäublingen). **VORKOMMEN** in Warmhäusern und Blumentöpfen in Wohnungen, nicht im Freiland. **VERWECHSLUNGEN** Auch andere, ähnlich gefärbte Schirmlinge sind giftig. Sie werden gelegentlich mit Blumentopferde in Wohnungen eingeschleppt und Kleinkinder oder Haustiere könnten sich dann damit tödlich vergiften.

UNGIFTIGER DOPPELGÄNGER

Ebenfalls in Blumentöpfen wächst der nicht giftige Gelbe Faltenschirmling *(Leucocoprinus birnbaumii)*, der viel zarter ist und intensiver gelb gefärbt.

Grauer Falten-Tintling
Coprinopsis atramentaria

Mai – November
grasige Plätze
Hut 3–6 cm

HUT 3–7(–10) cm hoch, erst eiförmig, dann glockig, aschgrau bis graubräunlich, Rand gerieft-faltig, alt zerissen und tintenartig zerfließend. **LAMELLEN** frei, sehr gedrängt, jung weißlich, bald dunkelgrau, alt schwarz zerfließend. **SPORENPULVER** schwarz. **STIEL** 6–15 cm lang, bis 1,5 cm breit, zylindrisch, nach oben verjüngt, hohl, weißlich; zur Basis verdickt mit Wulst. **FLEISCH** dünn, weiß, im Alter schwarz zerfließend; Geruch schwach; Geschmack mild. **VORKOMMEN** meist in Büscheln an grasigen Plätzen in Parkanlagen, Laubwäldern, an Wegrändern und Ruderalplätzen. **WERT** jung essbar, aber in Verbindung mit Alkohol starke Vergiftungen hervorrufend. Zwei Tage vor bis drei Tage nach der Mahlzeit darf kein Alkohol getrunken werden! **VERWECHSLUNGEN** mit anderen größeren Tintlingen, zum Beispiel Haus- und Glimmer-Tintling (*Coprinellus domesticus* und *micaceus*).

ESSBARER DOPPELGÄNGER

Der ähnliche, wohlschmeckende **Schopf-Tintling** (110 A) ist am walzenförmigen, schuppigen, weißlichen Hut zu unterscheiden.

Spitzgebuckelter Raukopf

Cortinarius rubellus (Cortinarius speciosissimus)

Juli – Oktober
Nadelwald
Hut 2–7 cm

HUT kegelig, oft schon jung spitz gebuckelt, im Alter glockig-gewölbt bis ausgebreitet, orange-braun, rostbräunlich, feinschuppig, trocken. **LAMELLEN** am Stiel abgerundet-angewachsen, rotbräunlich, breit, entfernt stehend. **SPORENPULVER** rostbraun. **STIEL** zylindrisch, schlank, hutfarben mit mehreren gelben Velumgürteln. **FLEISCH** fest, gelbbräunlich, im Stiel orangebraun; Geruch und Geschmack (nicht probieren!) nach Rettich. **VORKOMMEN** einzeln bis gesellig in sauren, moorigen Nadelwäldern, gern zwischen Torfmoosen. **WERT** Der Spitzgebuckelte Raukopf ist tödlich giftig! **VERWECHSLUNGEN** Beim unaufmerksamen Sammeln von braunhütigen, mittelgroßen Speisepilzen kann es leicht zu Verwechslungen kommen – der Spitzgebuckelte Raukopf wurde sogar schon mit jungen **Pfifferlingen** (150 A) verwechselt!

ESSBARER DOPPELGÄNGER

Der **Kupferrote Gelbfuß** (32 A) kann vor allem jung sehr ähnlich aussehen, hat aber herablaufende Lamellen.

Orangefuchsiger Raukopf
Cortinarius orellanus

August – Oktober
Laubwald
Hut 3–7(–10) cm

HUT erst gewölbt, dann flach, stumpf gebuckelt, orange- bis rostbraun, fein angedrückt faserig-schuppig. **LAMELLEN** entfernt stehend, dicklich, ausgebuchtet angewachsen, rostrot. **SPORENPULVER** rostbraun. **STIEL** 3–7(–10) cm lang, fast zylindrisch, längs gefasert oder kahl; gegen die Basis verjüngt, gelblich bis hutfarben; Ringzone kaum erkennbar. **FLEISCH** gelblich, unter der Huthaut rostbraun; Geruch rettichartig; Geschmack mild (nicht probieren!). **VORKOMMEN** besonders unter Eichen, selten im Nadelwald, wärmeliebend. **WERT** Der Orangefuchsige Raukopf ist tödlich giftig! **VERWECHSLUNGEN** Es gibt ähnliche Rauköpfe wie den **Spitzgebuckelten Raukopf** (108 B) und den Löwengelben Raukopf *(Cortinarius limonius)*: Alle sind sehr giftig oder wegen ihrer Verwandtschaft verdächtig.

ESSBARER DOPPELGÄNGER

Sehr junge Pilze sind aufgrund ihrer leuchtenden Farben schon für kleine **Pfifferlinge** (150 A) gehalten worden, was schon mehrfach zu Todesfällen geführt hat.

110 B

Blutblättriger Hautkopf
Cortinarius semisanguineus

August – Oktober
Nadelwald
Hut 2–5 cm

HUT gewölbt bis ausgebreitet, oft stumpf gebuckelt, gelb- bis olivbraun; Haut kahl oder feinschuppig. **LAMELLEN** ausgebuchtet angewachsen, dicht stehend, zunächst blut-, später braunrot, Schneiden heller. **SPORENPULVER** rostbraun. **STIEL** 4–8 cm lang, zylindrisch, weißlich bis messinggelb, oft mit schwach rötlicher Basis. **FLEISCH** gelblich; Geruch und Geschmack (nicht probieren!) rettichartig. **VORKOMMEN** einzeln bis gesellig. **WERT** Der Blutblättrige Hautkopf ist giftig und verursacht leichte bis schwere Verdauungsstörungen. **VERWECHSLUNGEN** Die Hautköpfe gehören zu den Schleierlingen *(Cortinarius)*, einer sehr artenreichen Pilzgruppe, die viele recht ähnlich aussehende, giftige und ungenießbare Pilze umfasst. Typisch für die Hautköpfe ist die lebhafte Färbung ihrer Lamellen (grün, gelb, orange oder rot).

ESSBARER DOPPELGÄNGER

Obwohl eigentlich aufgrund der roten Lamellen unverwechselbar, ist er schon in der Pilzberatung aus Körben mit Trompeten-Pfifferlingen *(Craterellus tubaeformis)* aussortiert worden.

112 B

Leuchtendgelber (Dottergelber) Klumpfuß
Cortinarius splendens (inkl. *Cortinarius meinhardii*)

August – Oktober
Laub- und Nadelwald
Hut 3–9 cm

HUT jung halbkugelig, später gewölbt-ausgebreitet, schwefel- bis chromgelb, Mitte rot- bis dunkelbraun mit dunkleren Schüppchen; feucht schleimig. **LAMELLEN** ausgebuchtet bis angewachsen, jung leuchtend zitronengelb, alt rostgelblich. **SPORENPULVER** rostbraun. **STIEL** 5–9 cm lang, zylindrisch, chromgelb, mit vom Sporenstaub rostbraun gefärbten Velumfasern bedeckt; Basis mit gerandeter Knolle. **FLEISCH** dick, zitronengelb; Geruch streng; Geschmack mild (nicht probieren!). **WERT** Der Leuchtendgelbe Klumpfuß gilt als tödlich giftig. **VERWECHSLUNGEN** Gelbfarbene Schleierlinge sind schwer zu unterscheiden, und es gibt sehr viele giftige Arten unter ihnen. Ähnlich sieht auch der inzwischen ebenfalls als giftig eingestufte **Grünling** (40 B) aus.

ESSBARE DOPPELGÄNGER

Neben essbaren Klumpfüßen wie dem **Messing-Klumpfuß** (112 A) oder dem Würzigen Schleimkopf *(Cortinarius percomis)* könnte man ihn auch mit dem wenig schmackhaften Purpurfilzi-
114 B gen Holzritterling *(Tricholomopsis rutilans)* verwechseln.

Bocks-Dickfuß
Cortinarius camphoratus

September – November
Nadelwald
Hut 3–9 cm

HUT erst halbkugelig, bald gewölbt bis ausgebreitet, feinfaserig, jung hellviolett, im Alter von der Mitte her gelbbraun verfärbend. **LAMELLEN** am Stiel angewachsen, jung violett, später zimt- bis rostbraun, Schneiden bisweilen weißlich bewimpert. **SPORENPULVER** gelbbraun. **STIEL** 5–8(–10) cm lang, bis 2,5 cm breit, zylindrisch oder etwas keulig, blaulila. **FLEISCH** dick, violett bis blasslila; Geruch widerlich, nach alten Kartoffeln oder Bock; Geschmack unangenehm. **VORKOMMEN** in feuchten, moosreichen Nadelwäldern, gern unter Fichten und Weißtannen. **WERT** Der Bocks-Dickfuß verursacht Magen-Darm-Beschwerden. **VERWECHSLUNGEN** Der ähnliche, ebenfalls giftige Lila-Dickfuß *(Cortinarius traganus)* riecht eher obstartig als abstoßend.

ESSBARE DOPPELGÄNGER

Gelbbraun verfärbte Exemplare können mit dem **Reifpilz** (120 A) verwechselt werden, junge dagegen mit dem **Violetten Rötelritterling** (52 A).

Geranien-Gürtelfuß

Cortinarius flexipes

August – November
Nadelwald
Hut 3–6 cm

HUT kegelig bis glockig, alt verflachend und spitz bis stumpf gebuckelt, jung grauviolett, dann graubraun, mit weißen Schüppchen bedeckt, abgetrocknet ledergrau. **LAMELLEN** jung violett, dann zunehmend rostbraun, ausgebuchtet angewachsen. **SPORENPULVER** rostbraun. **STIEL** 3–7 cm lang, 0,2–0,4 cm breit, jung violett, dann bräunlich, von unten her mit einem gürtelartigen weißen Velum bedeckt, das in einer Ringzone abschließt. **FLEISCH** jung violett, alt bräunlich; Geschmack mild; Geruch nach geriebenen Pelargonienblättern. **VORKOMMEN** in bodensauren, feuchten Fichtenwäldern, selten im Laubwald. **VERWECHSLUNGEN** Auch hier gilt, dass Fachleute viele weitere Schleierlingsarten kennen, die dem Geranien-Gürtelfuß ähnlich sehen und teilweise auch denselben Geruch haben.

ESSBARER DOPPELGÄNGER

Durch den gürtelartigen Stielüberzug kann der am selben Standort wachsende **Natternstielige Schneckling** (40 A) eine gewisse Ähnlichkeit haben.

Rettich-Gürtelfuß
Cortinarius evernius

August – November
Nadelwald
Hut 3–6 cm

HUT gewölbt, alt verflachend, jung und feucht intensiv violett, von der Mitte her rotbräunlich werdend, ringförmig abtrocknend und dann lederfarben, glatt, nicht schleimig. **LAMELLEN** jung violett, dann zunehmend rostbraun, relativ dick und entfernt, ausgebuchtet angewachsen. **SPORENPULVER** rostbraun. **STIEL** 3–10 cm lang, 0,4–0,8 cm breit, intensiv violett, mit seidigem bis gürtelartigem weißem Velum bedeckt, das im oberen Drittel in einer Ringzone endet. **FLEISCH** violett, alt bräunlichviolett; Geschmack mild; Geruch schwach rettichartig oder unspezifisch. **VORKOMMEN** in bodensauren Fichtenwäldern, gerne an Moorrändern, selten im Laubwald. **VERWECHSLUNGEN** Viele weitere Schleierlinge können ähnlich aussehen. Sie sind nur von Spezialisten zu unterscheiden.

ESSBARER DOPPELGÄNGER

Junge Exemplare sehen dem **Violetten Lacktrichterling** (54 A) sehr ähnlich, insbesondere wenn das weiße Velum witterungsbedingt nicht mehr vorhanden ist.

120 B

Großer Rettich-Fälbling
Hebeloma sinapizans

August – November
Laubwald
Hut 6–12(–15) cm

HUT jung halbkugelig, dann polsterförmig, lehmfarben, fleischbräunlich, beige, glatt, feucht schwach schmierig, Rand glatt. **LAMELLEN** milchkaffeebraun, alt dunkler graubraun, aufsteigend angewachsen. **SPORENPULVER** graubraun. **STIEL** 6–12 cm lang, 1–2 cm breit, zylindrisch, Basis etwas verdickt, weißlich bis blass hellbraun, an der Spitze mit groben Flöckchen, mit der Zeit hohl werdend und mit in diesen Hohlraum hineinragendem Zapfen vom Hutfleisch. **FLEISCH** cremefarben; geschmacklich etwas bitter, mit deutlichem Rettichgeruch und -geschmack. **VORKOMMEN** Laubwälder, vor allem unter Buche, meist auf basenreichen Böden. **VERWECHSLUNGEN** Fälblinge sind generell nur sehr schwer zu bestimmen. Da es keine essbaren Arten gibt, ist dies jedoch für den Speisepilzammler nicht von Bedeutung.

ESSBARE DOPPELGÄNGER

Sehr ähnliche Arten gibt es bei den Schleimköpfen, zum Beispiel Trockener Schleimkopf *(Cortinarius crassus)* oder Körniger Schleimkopf *(Cortinarius olidus)*, die bisweilen als essbar bezeichnet werden.

Tonblasser Fälbling
Hebeloma crustuliniforme

Juli – November
Laubwald, Parks
Hut 4–8(–10) cm

HUT polsterförmig gewölbt, tonfarben, creme-beige, mit etwas dunkler getönter Mitte, glatt, feucht schwach schmierig. **LAMELLEN** milchkaffee- bis graubraun, Schneide weiß, aufsteigend angewachsen, frisch mit zahlreichen Wassertröpfchen, in denen sich die Sporen sammeln und daher beim Eintrocknen dunkle Flecken hinterlassen. **SPORENPULVER** graubraun. **STIEL** 4–8 cm lang, 0,5–1,5 cm breit, an der Basis etwas knollig, schmutzig weißlich, oben mit groben weißen Flocken besetzt. **FLEISCH** cremefarben; Geschmack mild; mit deutlichem Geruch nach Rettich. **VORKOMMEN** in Laubwäldern und Parks, besonders unter Eiche oder Linde, auf eher trockenen Böden. **VERWECHSLUNGEN** Die Art wird oft mit ähnlichen, ebenfalls giftigen Fälblingen verwechselt und ist auch für Spezialisten nur schwer bestimmbar.

ESSBARER DOPPELGÄNGER

Der **Reifpilz** (120 A) sieht ähnlich aus, unterscheidet sich aber deutlich durch den Stielring. Ferner fehlen ihm der Rettichgeruch und die Flocken an der Stielspitze.

Ziegelroter Risspilz, Mai-Risspilz

Inocybe erubescens (Inocybe patouillardii)

Mai – Juli
Laubwälder
Hut 4–10 cm

HUT jung stumpfkegelig, später ausgebreitet, gebuckelt, jung weißlich bis blass strohgelb, später langsam ziegelrot, längsfaserig, Rand bald radial einreißend. **LAMELLEN** ausgebuchtet angewachsen, weißlich, bald graugelb, zuletzt olivbraun. **SPORENPULVER** graubraun. **STIEL** 4–8 cm lang, kräftig, zylindrisch, schwach knollig, weißlich, später wie Hut und Lamellen langsam (oft erst nach Stunden) ziegelrot verfärbend. **FLEISCH** weißlich, fest; Geruch süßlich, alt unangenehm; Geschmack mild, alt widerlich (nicht probieren!). **VORKOMMEN** Laubwälder und Parks, oft an Wegrändern. **WERT** Der Ziegelrote Risspilz enthält Muscarin und ist sehr giftig! **VERWECHSLUNGEN** Die Gattung Risspilze *(Inocybe)* umfasst etwa 200 kleine bis mittelgroße Arten mit braunem Hut. Am meisten Ähnlichkeit hat der Rötende Risspilz *(Inocybe godeyi).*

ESSBARER DOPPELGÄNGER

In jungem Zustand können sich Mai-Risspilz und **Mai-Ritterling** (58 A) sehr ähnlich sehen, zumal sie an denselben Standorten wachsen können. Auf Geruch und Hutoberfläche achten!

Kegeliger Risspilz
Pseudosperma rimosum

Juni – Oktober
Laub- und Nadelwald
Hut 3–7 cm

HUT anfangs kegelig, bald ausgebreitet mit typisch zugespitztem Buckel, grau, gelbocker, gelb- bis umbrabräunlich, mit radial verlaufenden Fasern, Rand jung eingebogen, alt aufwärts gebogen; bald tief eingerissen. **LAMELLEN** ausgebuchtet angewachsen, etwas gedrängt, jung graubeige, alt bräunlich. **SPORENPULVER** tabakbraun. **STIEL** bis 8 cm lang, bis 1,5 cm breit, zylindrisch, jung weiß, später gelblich bis hellocker, etwas faserig-flockig. **FLEISCH** weiß bis gelblich; Geruch spermatisch. **VORKOMMEN** auch an Waldwegen und in Parkanlagen. **WERT** Der Kegelige Risspilz enthält Muscarin und ist sehr giftig! Vergiftungserscheinungen treten meist schon nach 15–30 Minuten ein. **VERWECHSLUNGEN** Er kann mit anderen giftigen, verdächtigen oder ungenießbaren Risspilzen verwechselt werden.

ESSBARE DOPPELGÄNGER

Risspilze wurden schon mit verschiedensten Speisepilzen wie **Hallimasch** (56 A), **Reifpilz** (120 A) oder **Erd-Ritterlingen** (62 A) verwechselt.

Gefleckttblättiger Flämmling

Gymnopilus penetrans

Juli – November
auf Nadel- und Laubholz
Hut 2–5 cm

HUT flach gewölbt, alt flach, rostgelb bis fuchsorange, in der Mitte etwas dunkler, schwach seidenfaserig, matt. **LAMELLEN** orangegelb bis rostfarben, anfangs etwas blasser, alt oft mit fuchsbräunlichen Flecken. **SPORENPULVER** rostgelb. **STIEL** 3–6 cm lang, 0,3–0,6 cm breit, zylindrisch, gelblich, vor allem jung weiß-seidig überfasert, oben mit vergänglicher Faserzone. **FLEISCH** rostgelb; etwas bitter schmeckend; Geruch unspezifisch oder leicht erdig bis rettichartig. **VORKOMMEN** auf verrottendem Nadelholz, insbesondere Stubben und dicken Ästen, selten auf Laubholz. **VERWECHSLUNGEN** Einige Holz bewohnende Pilze verschiedener Gattungen können ähnlich aussehen, insbesondere einige Schüpplinge, zum Beispiel der Safranrote Schüppling *(Pholiota astragalina)*.

ESSBARER DOPPELGÄNGER

Der **Rauchblättrige Schwefelkopf** (126 A) ist etwas weniger lebhaft gefärbt. Er unterscheidet sich vor allem durch die blass
130 B grauen Lamellen ohne jeden Orangeton.

Gift-Häubling, Nadelholz-Häubling
Galerina marginata

Juli – November
auf Nadel- und Laubholz
Hut 1,5–4(–6) cm

HUT jung halbkugelig, bald gewölbt bis flach ausgebreitet, feucht honigbraun mit durchscheinend geriefetem Rand, klebrig bis schmierig, bei Trockenheit hell gelbbraun ausblassend, kahl. **LAMELLEN** am Stiel angeheftet, hell- bis zimtbraun, alt rostbraun. **SPORENPULVER** hellbraun. **STIEL** 2–7 cm lang, schlank, auf braunem Grund unterhalb des vergänglichen Rings weißlich bis silbrig überfasert, ohne Schüppchen. **FLEISCH** dünn, im Hut gelblich, im Stiel dunkler; Geruch mehlartig; Geschmack mehlig (nicht probieren!). **VORKOMMEN** einzeln, gesellig oder in kleinen Büscheln auf Nadel- und Laubholz. **WERT** Der Gift-Häubling ist tödlich giftig! Er enthält Amatoxine wie die Knollenblätterpilze. **VERWECHSLUNGEN** Es gibt mehrere, schwer unterscheidbare ungenießbare, aber auch tödlich giftige Häublinge.

ESSBARER DOPPELGÄNGER

Einige Holzbewohner können sehr ähnlich aussehen, insbesondere das **Stockschwämmchen** (122 A). Unbedingt die Stielmerkmale beachten!

132 B

Sparriger Schüppling
Pholiota squarrosa

September – November
am Fuß von Bäumen
Hut 4–10(–15) cm

HUT jung halbkugelig bis glockig, später gewölbt bis abgeflacht, strohgelb bis gelbbraun, dicht mit rostbraunen sparrigen, nicht abwischbaren Schuppen bedeckt, dicht fransig behangen. **LAMELLEN** gedrängt, etwas am Stiel herablaufend, hellgelb, alt oliv- bis rostbraun. **SPORENPULVER** rostbraun. **STIEL** 5–12 cm lang, blassgelb, unterhalb der Ringzone wie der Hut mit braunen Schuppen bedeckt, darüber gelblich bis weiß; Basis verjüngt, rotbraun. **FLEISCH** blassgelb, in der Stielbasis dunkler; Geruch würzig-säuerlich; Geschmack rettichartig bis bitter. **VORKOMMEN** in dichten Büscheln am Fuß von Laub- und Nadelbäumen. **WERT** Der Sparrige Schüppling ist ungenießbar, roh gegessen sogar giftig! **VERWECHSLUNGEN** Es gibt bei den Schüpplingen *(Pholiota)* zahlreiche ähnliche Pilze, sie sind alle nicht essbar.

ESSBARER DOPPELGÄNGER

Der **Hallimasch** (56 A) unterscheidet sich deutlich durch sein weißes Sporenpulver, mit dem alte Pilze bei Trockenheit oft förmlich eingestäubt sind.

Schuppiger Träuschling
Leratiomyces squamosus

August – November
Laub- und Nadelwald
Hut 3–5 cm

HUT jung halbkugelig, später gewölbt bis ausgebreitet, ockergelblich bis ockerbräunlich, jung mit konzentrisch angeordneten blassen Schüppchen, Rand jung mit Velumresten; Haut feucht klebrig. **LAMELLEN** am Stiel breit angewachsen, graubeige, alt dunkelpurpurbraun, Schneiden weißflockig. **SPORENPULVER** purpurbraun. **STIEL** 6–12 cm lang, 0,4–0,9 cm breit, zylindrisch, hohl, bräunlich; mit Ring, unter dem Ring mit weißen Schüppchen. **FLEISCH** dünn, cremefarben; Geruch und Geschmack unbedeutend. **WERT** Der Schuppige Träuschling ist schwach giftig. **VERWECHSLUNGEN** Der Pilz kann mit anderen Träuschlingen *(Stropharia spec.)*, Schüpplingen *(Pholiota spec.)* oder dem Natternstieligen Schwefelkopf *(Hypholoma marginata)* verwechselt werden.

ESSBARE DOPPELGÄNGER

Entfernte Ähnlichkeit besteht mit dem **Wässrigen Mürbling** (124 A) oder dem **Stockschwämmchen** (122 A). Kleine Braunsporer sind schwierige Speisepilze!

136 B

Grünblättriger Schwefelkopf
Hypholoma fasciculare

April – November
an Laub- und Nadelholz
Hut 3–7 cm

HUT erst halbkugelig, dann ausgebreitet, oft stumpf gebuckelt, schwefelgelb, Scheitel ocker- bis rotbraun, trocken, glatt. **LAMELLEN** breit angewachsen, erst schwefelgelb, dann grünlich bis olivgrün, alt lilagrau. **SPORENPULVER** schwarzviolett. **STIEL** 5–8 cm lang, 0,3–0,7 cm breit, zylindrisch, oft verbogen, bald hohl, oben schwefelgelb, später nach unten rostbräunlich. **FLEISCH** schwefelgelb; geruchlos; Geschmack sehr bitter. **VORKOMMEN** auch in milden Wintern, büschelig an moderndem Laub- und Nadelholz. **WERT** Der Grünblättrige Schwefelkopf verursacht schwere Brechdurchfälle. **VERWECHSLUNGEN** Ebenfalls an Holz wächst der ungenießbare **Ziegelrote Schwefelkopf** (140 B). Er ist nur schwach bitter, was auch für den insgesamt lebhafter gefärbten **Geflecktblättrigen Flämmling** (130 B) gilt.

ESSBARER DOPPELGÄNGER

Dem ähnlichen **Rauchblättrigen Schwefelkopf** (126 A) fehlen die grellen, gründgelben Farbtöne und der bittere Geschmack. Er wächst ausschließlich auf Nadelholz.

Ziegelroter Schwefelkopf

Hypholoma lateritium (Hypholoma sublateritium)

August – Dezember
auf Laubholz
Hut 4–10 cm

HUT jung halbkugelig, dann gewölbt bis abgeflacht mit stumpfem Buckel, ziegelrötlich, zum Rand hin hellgelb, mit anliegenden, blassgelben (!) Velumresten bedeckt, glatt. **LAMELLEN** angewachsen, hell- bis blass olivgelb, alt grau- bis olivbraun. **SPORENPULVER** schwarz. **STIEL** 5–12 cm lang, oft verbogen, alt hohl, gelblich; zur Basis hin bräunlich. **FLEISCH** dünn, im Hut blassgelb; Geruch schwach muffig; Geschmack bitter. **VORKOMMEN** büschelig auf totem Laubholz. **WERT** Der Ziegelrote Schwefelkopf wird von manchen Menschen nicht vertragen und daher besser als schwach giftig eingestuft. **VERWECHSLUNGEN** Kann von unerfahrenen Pilzsammlern mit Speisepilzen wie dem **Stockschwämmchen** (122 A) oder dem **Wässrigen Mürbling** (124 A) verwechselt werden.

ESSBARER DOPPELGÄNGER

Der **Rauchblättrige Schwefelkopf** (126 A) ist ähnlich, hat aber einen gelb- bis orangebraunen Hut ohne ziegelrote Tönung, und ihm fehlen die gelben anliegenden Velumreste.

Blauender Kahlkopf

Psilocybe cyanescens

September – Dezember
auf Holzstückchen
Hut 1,5–5 cm

HUT erst glockig, dann flach bis leicht vertieft, orange-, rot- bis dattelbraun, abgetrocknet ledergelb, feucht klebrig, Rand auffallend wellig. **LAMELLEN** hell bis dunkel violettbraun, breit angewachsen, Schneide weiß. **SPORENPULVER** schwärzlich-violettbraun. **STIEL** 2–5 cm lang, 0,2–0,5 cm breit, steif, weißlich, fein weiß überfasert, von der Basis her blauend. **FLEISCH** bräunlich; Geschmack bitter; Geruch etwas erdig. **VORKOMMEN** auf Rindenmulch, Holzlagerplätzen und an Wegrändern, auf oder bei Holzstückchen. **VERWECHSLUNGEN** Von anderen braunhütigen Pilzen mit dunklen Lamellen unterscheiden sich die echten Kahlköpfe durch das langsame Blauen an Druckstellen. Dies deutet auf einen hohen Gehalt an Psilocybin hin, einem LSD-ähnlichen halluzinogenen Inhaltsstoff.

ESSBARER DOPPELGÄNGER

Der **Wässrige Mürbling** (124 A) unterscheidet sich durch den brüchigen Stiel, fehlendes Blauen und nicht schmierigen, nicht welligen Hut.

Kirschroter Spei-Täubling
Russula emetica var. emetica

Juli – November
Nadelwald
Hut 4–10 cm

HUT anfangs halbkugelig, bald gewölbt bis ausgebreitet, alt niedergedrückt, leuchtend blut- bis kirschrot, im Alter bisweilen fleckenweise verblassend, Rand glatt, alt kammartig gerieft; Haut abziehbar, glänzend. **LAMELLEN** ausgebuchtet angewachsen oder frei, reinweiß, splitternd. **SPORENPULVER** weiß. **STIEL** 5–8 cm lang, 1–2 cm breit, jung voll und fest, bald ausgestopft bis zellig-hohl, brüchig, reinweiß. **FLEISCH** weich, zerbrechlich, weiß, unter der Huthaut rosarot; Geruch obstartig; Geschmack brennend scharf. **VORKOMMEN** einzeln bis gesellig, meist in feuchten Nadelwäldern und Mooren, auf sauren Böden. **WERT** Der Verzehr vom Spei-Täubling verursacht heftige Brechdurchfälle. **VERWECHSLUNGEN** Verschiedene rothütige, nah verwandte und scharf schmeckende Täublinge sind ebenfalls giftig.

ESSBARER DOPPELGÄNGER

An den gleichen Plätzen findet man aber auch den essbaren **Apfel-Täubling** (138 A). Zum Erkennen gilt die Täublings-Regel: Mild schmeckende Arten sind essbar.

Stachelbeer-Täubling

Russula queletii

Juli – Oktober
Nadelwald
Hut 5–8 cm

HUT erst gewölbt, bald ausgebreitet, alt vertieft, purpurrosa, trüb weinrot bis braunpurpurn, in der Mitte fast schwarz, oliv ausblassend; Haut etwa zur Hälfte abziehbar. **LAMELLEN** gerade angewachsen, jung weißlich, bald cremefarben. **SPORENPULVER** cremegelb. **STIEL** bis 7 cm lang, bis 2 cm breit, zylindrisch, meist voll, spröde, purpurrosa bis karminrot. **FLEISCH** weißlich, unter der Huthaut purpurn; Geruch meist auffällig nach Stachelbeerkompott; Geschmack sehr scharf. **VORKOMMEN** meist gesellig bei Fichten im Bergland, auf kalkreichen Böden. **WERT** Der Stachelbeer-Täubling verursacht Magen-Darm-Beschwerden. **VERWECHSLUNGEN** Ähnlich ist der unter Kiefern wachsende Zitronenblättrige Täubling *(Russula sardonia)* mit purpurfarbenem bis rotviolettem Hut und gelben Lamellen.

ESSBARE DOPPELGÄNGER

Mehrere essbare Täublinge können recht ähnlich aussehen, wie zum Beispiel der **Frauen-Täubling** (128 A) oder der **Rote Herings-Täubling** (140 A).

Zedernholz-Täubling

Russula badia

August – Oktober
Nadelwald
Hut 6–12

HUT jung gewölbt, alt flach werdend, mahagonifarben, weinbraun bis braunrot, Mitte dunkler, Rand im Alter etwas höckerig gerieft. **LAMELLEN** jung weißlich, dann zunehmend ockergelb, splitternd, mit nur wenigen kurzen Lamellen die den Stiel nicht erreichen. **SPORENPULVER** ocker. **STIEL** 5–8 cm lang, 0,8–1,5 cm breit, zylindrisch, spröde brechend, weiß und mehr oder weniger stark ausgeprägt rot überlaufen, seltener rein weiß. **FLEISCH** weiß, krümelig brüchig; Geschmack nach einer halben Minute zunehmend unerträglich scharf; Geruch schwach nach Zedernholz. **VORKOMMEN** in Nadelwäldern, vor allem unter Kiefern, auf sandigen, sauren Böden. **VERWECHSLUNGEN** Wenn die Art keine rote Stielfärbung aufweist, sieht insbesondere der Braune Leder-Täubling *(Russula integra)* täuschend ähnlich aus.

ESSBARE DOPPELGÄNGER

Während der **Rote Herings-Täubling** (140 A) durch den nach einiger Zeit auftretenden Heringsgeruch auffällt, ist der **Apfel-Täubling** (138 A) fast nur am Geschmack zu unterscheiden.

Gemeiner Stink-Täubling
Russula foetens

Juli – Oktober
Laub- und Nadelwald
Hut 8–15 cm

HUT jung halbkugelig, zuletzt flach und manchmal leicht vertieft, gelbbraun, ocker, semmelgelb, feucht schleimig (!), Rand anfangs kurz-, alt stark höckerig-gerieft. **LAMELLEN** cremefarben, alt bräunlich fleckig, entfernt, dick, zerbrechlich, nahezu ohne kurze Lamellen. **SPORENPULVER** cremefarben. **STIEL** 5–10 cm lang, 1–2 cm breit, zylindrisch, anfangs weiß, zunehmend gelbbräunlich getönt und gefleckt, gekammert-hohl, zuletzt komplett hohl. **FLEISCH** weiß, im Alter hier und da bräunend, bröckelig; Geschmack sehr scharf; Geruch stark, ölig-chemisch oder nach warmem Gummi. **VORKOMMEN** in Laubwäldern, seltener im Nadelwald. **VERWECHSLUNGEN** Andere Stink-Täublinge oder auch manche Kamm-Täublinge sehen sehr ähnlich aus. Sie sind alle ungenießbar oder magen-darm-giftig.

ESSBARER DOPPELGÄNGER

Ältere Exemplare von Stink- und **Wiesel-Täubling** (134 A) sehen sich manchmal zum Verwechseln ähnlich, doch der aufdringliche Geruch des ersteren lässt ihn dann erkennen.

Gallen-Täubling
Russula fellea

Juli – November
Laubwald
Hut 4–6(–9) cm

HUT anfangs halbkugelig, bald gewölbt, alt ausgebreitet, bisweilen mit flachem Buckel, stroh- bis ockergelb, zum Rand hin blasser; glatt; Haut nur am Rand abziehbar. **LAMELLEN** am Stiel angewachsen, gedrängt stehend, schmal, jung blass cremefarben, später strohgelb. **SPORENPULVER** blass cremefarben. **STIEL** 2–6 cm lang, 1–2 cm breit, jung voll, fest, später ausgestopft, erst weißlich, später rahmfarben bis blassocker. **FLEISCH** jung weißlich, später hellgelb; Geruch süßlich-obstartig; Geschmack brennend scharf. **VORKOMMEN** vorwiegend unter Rotbuchen, selten in Nadelwäldern. **WERT** Der Gallen-Täubling ist sehr scharf und verursacht Verdauungsstörungen. **VERWECHSLUNGEN** Der Gallen-Täubling kann mit einigen ähnlich gefärbten Täublingen verwechselt werden.

ESSBARER DOPPELGÄNGER

Der ebenfalls gelb gefärbte **Ocker-Täubling** (132 A) ist nur leicht scharf und kann gegessen werden, auch wenn er nicht sehr wohlschmeckend ist.

Zottiger Birken-Milchling
Lactarius torminosus

Juli – Oktober
unter Birken
Hut 5–15 cm

HUT jung flach gewölbt, dann ausgebreitet und etwas vertieft, alt trichterig, fleischrot bis fleischbräunlich, dunkler gezont, Rand jung stark eingerollt, mit dichten, langen Zottenhaaren. **LAMELLEN** angewachsen, gedrängt, blass fleischfarben. **SPORENPULVER** hellgelblich. **STIEL** 2–8 cm lang, 1–2 cm breit, zylindrisch, fest, bald hohl, hutfarben, wie der Hut bei Verletzungen milchend. **FLEISCH** fest, blassrosa; Geruch obstartig; Geschmack sehr scharf. **MILCH** weiß, sehr scharf. **VORKOMMEN** unter Birken, auf sauren Böden. **WERT** Der Zottige Birken-Milchling verursacht Bauchschmerzen, Erbrechen und heftige Durchfälle. **VERWECHSLUNGEN** Sehr ählich ist der an denselben Stellen vorkommende, blassere Flaumige Birken-Milchling *(Lactarius pubescens)*.

ESSBARE DOPPELGÄNGER

Von oben betrachtet sehen die essbaren **Reizker** (144 A, 146 A) ähnlich aus, sind aber deutlicher orange, vollkommen kahl und haben orange Milch.

Grubiger Fichten-Milchling
Lactarius scrobiculatus

Juli – Oktober
Fichtenwald
Hut 10–20(–25) cm

HUT erst halbkugelig, bald gewölbt, mit genabelter Mitte, stroh- bis zitronengelb, eingewachsen zottig-faserig, undeutlich konzentrisch gezont, Rand lange stark eingerollt, mit überstehenden Fransen; Haut feucht klebrig, trocken glänzend. **LAMELLEN** gerade angewachsen oder etwas herablaufend, gedrängt, gelblich. **SPORENPULVER** hellocker. **STIEL** 3–6 cm lang, 1,5–3,5 cm dick, zylindrisch oder bauchig, hohl, gelblich weiß mit dunkelgelben Gruben. **FLEISCH** sehr fest, blassgelb; Geruch etwas obstartig; Geschmack brennend scharf. **MILCH** weiß, nach wenigen Sekunden schwefelgelb verfärbend, brennend scharf. **VORKOMMEN** meist truppweise unter Fichten in den Mittelgebirgen Europas, häufig auf Kalkböden in den Alpen. **WERT** Der Grubige Fichten-Milchling verursacht Magen-Darm-Beschwerden. **VERWECHSLUNGEN** Der Grubige Tannen-Milchling *(Lactarius intermedius)* wächst unter Weißtannen.

ESSBARE DOPPELGÄNGER

Die oftmals gleichzeitig vorkommenden **Reizker-Arten** (144 A, 146 A) haben alle eine orange bis weinrote statt gelbe Milch.

Pechschwarzer Milchling
Lactarius picinus

Juli – Oktober
Nadelwald
Hut 5–8(–12) cm

HUT flach gewölbt, bald mit schwach vertiefter Mitte, dunkel schwarzbraun bis schwarzgrau, samtig. **LAMELLEN** angewachsen, jung hellgelb, später hellocker. **SPORENPULVER** hellocker. **STIEL** 3–6 cm lang, bis 1 cm breit, voll, alt ausgestopft bis hohl, fest, sepia- bis ockerbraun, Spitze hell ohne Längsrunzeln; Basis zugespitzt. **FLEISCH** weißlich, im Schnitt langsam lachsfarben bis rosa verfärbend; Geruch unbedeutend; Geschmack bitterlich oder etwas scharf. **MILCH** weiß, bitter, reichlich fließend. **VORKOMMEN** besonders in höheren Lagen, fehlt im Flachland. **WERT** Der Pechschwarze Milchling verursacht Magen-Darm-Beschwerden. **VERWECHSLUNGEN** Der ebenfalls ungenießbare Kerbrandige Milchling *(Lactarius romagnesii)* wächst im Laubwald.

ESSBARER DOPPELGÄNGER

Der wohlschmeckende **Mohrenkopf-Milchling** (142 A) hat einen spitzen Hutbuckel, ist an der Stielspitze gerunzelt (!) und schmeckt mild und etwas süßlich.

Rotbrauner Milchling
Lactarius rufus

Juli – November
Nadelwald
Hut 3–10(–14) cm

HUT anfangs flach gewölbt, dann vertieft bis flach trichterförmig, mit kleinem, spitzem Buckel, rotbraun mit graulila Ton, matt, trocken, auch feucht nicht schmierig. **LAMELLEN** angewachsen, blass hutfarben. **SPORENPULVER** weiß. **STIEL** 4–8 cm lang, 0,5–2 cm breit, zylindrisch, brüchig, jung voll, alt hohl, hutfarben oder heller, jung bereift. **FLEISCH** weißlich bis blass rotbraun; Geruch harzig; Geschmack nach kurzer Zeit sehr scharf. **MILCH** reichlich, weiß, scharf. **VORKOMMEN** meist gesellig in moos- und flechtenreichen Nadelwäldern. **WERT** verursacht Magen-Darm-Beschwerden, wenn er nicht durch entsprechende Vorbehandlung genießbar gemacht wird. **VERWECHSLUNGEN** Dieser Milchling kann mit anderen ungenießbaren braunrot gefärbten Milchlingen verwechselt werden.

ESSBARER DOPPELGÄNGER

Der **Brätling** (148 A) ist größer und mehr braunorange gefärbt. Seine Milch fleckt nach einiger Zeit bräunlich und riecht dann
160 B nach Krabben.

Dreifarbige Koralle

Ramaria formosa

August – Oktober
Laubwald
Fruchtkörper 8–15 cm

FRUCHTKÖRPER insgesamt korallenförmig, mit undeutlichem Stielteil und reichlich verzweigtem Astteil, Äste jung lachsfarben, rosa-orange, bald blasser und zunehmend ocker werdend, leicht brechend, Astspitzen lebhaft zitronengelb. **SPORENPULVER** ocker. **STIEL** nicht deutlich vom ästigen Fruchtkörperteil abgrenzbar, weiß bis schmutzig cremeweiß, mit einzelnen verkümmerten Astsprossen. **FLEISCH** im Strunk weiß, jung in den Ästen blass lachsfarben, alt auch dort weißlich; Geschmack mild, etwas säuerlich; Geruch unspezifisch pilzartig. **VORKOMMEN** in Laubwäldern auf Kalkboden, vor allem unter Buchen. **VERWECHSLUNGEN** Mehrere Korallenarten haben orange- bis lachsfarbene Äste mit gelben Spitzen, sowohl essbare als auch giftige. Am besten lässt man diese seltenen Korallen generell stehen.

ESSBARER DOPPELGÄNGER

Die **Goldgelbe Koralle** (160 A) gehört zu den rein gelb gefärbten Korallen, die alle essbar sind. Man sollte aber Korallen wegen ihrer Seltenheit und der Verwechslungsgefahr nicht sammeln.

Bauchweh-Koralle, Blasse Koralle

Ramaria pallida (inkl. *Ramaria mairei*)

August – Oktober
Laub- und Nadelwald
Fruchtkörper 8–20 cm

FRUCHTKÖRPER 8–15 cm hoch, mit kurzem, elastischem, relativ massivem, grauweißlichem Strunk, aus dem mehrere Äste entspringen, die sich nach oben verzweigen, Endäste dicht stehend, etwas längsrunzelig, fahl- bis graugelblich, mit kurzen Spitzen die bisweilen lila-fleischrötlich gefärbt sind, alt braunfleckig. **SPORENPULVER** ocker. **FLEISCH** fest, schmutzig weiß; Geruch schwach, säuerlich bis seifenartig; Geschmack mild. **VORKOMMEN** einzeln, in Reihen und Ringen, vor allem auf Kalkböden. **WERT** Die Bauchweh-Koralle verursacht, wie ihr Name schon ausdrückt, Bauchschmerzen, Erbrechen und Durchfall. **VERWECHSLUNGEN** Der Pilz kann mit verschiedenen anderen Korallen verwechselt werden.

ESSBARE DOPPELGÄNGER

Neben der viel gelber gefärbten **Goldgelben Koralle** (160 A) besteht Verwechslungsgefahr vor allem mit der kleineren **Kammkoralle** (158 A). Besonders große Exemplare wurden schon für
164 B die **Krause Glucke** (162 A) gehalten, die aber andere Äste hat.

Gallen-Stacheling
Sarcodon scabrosus

August – November
Laubwald
Hut 6–10(–12) cm

HUT jung flach polsterförmig, alt flach gewölbt, etwas unregelmäßig und wellig werdend, lehm- bis graubraun, Oberfläche fast glatt oder mit wenigen flachen, fast gleichfarbenen Schuppen. **STACHELN** graucreme, spitz, um den Stiel herum etwas kürzer, oft etwas am Stiel herablaufend. **SPORENPULVER** braun. **STIEL** 2–6 cm lang, 1–2 cm breit, zylindrisch, gedrungen, weißlich bis cremegrau, glatt. **FLEISCH** cremefarben, feucht etwas marmoriert; Geschmack sehr bitter; mit aromatischem Geruch (besonders beim Trocknen). **VORKOMMEN** in Laubwäldern auf basenreichen Böden, besonders in trockenen Eichen-Mischwäldern und unter Buchen, selten und gefährdet. **VERWECHSLUNGEN** Ähnliche, ebenfalls bittere Stachelinge sind noch seltener und sind an etwas anderer Färbung oder mikroskopisch unterscheidbar.

ESSBARER DOPPELGÄNGER

Im Fichtenwald wächst der als Würzpilz begehrte **Habichtspilz** (166 A), der an den aufgerichteten Hutschuppen und der fehlen-
166 B den graugrünen Färbung der Stielbasis zu erkennen ist.

Oranger Korkstacheling
Hydnellum aurantiacum

August – November
Nadelwald
Hut 3–6(–10) cm

HUT anfangs rund und flach, bald unregelmäßig vertieft, uneben werdend, mit Höckern und Vertiefungen, manchmal regelrecht zerschlitzt, orange bis rostorange, jung mit einem weißen Samt überzogen, oft mehrere Hüte zusammengewachsen. **STACHELN** weißlich, orange getönt, im Alter zunehmend zimtfarben, spitz. **SPORENPULVER** braun. **STIEL** 0,5–2 cm lang, 0,3–0,8 cm dick, unregelmäßig zylindrisch bis knorrig, rostorange bis orangebräunlich, mit einem schwammigen Filz überzogen. **FLEISCH** intensiv orange, zoniert, korkig-zäh; Geschmack und Geruch mehlartig oder unspezifisch. **VORKOMMEN** im Nadelwald, seltener im Laubwald (andere Art?), ausschließlich auf stickstoffarmen Böden. **VERWECHSLUNGEN** Der Blaue Korkstacheling *(Hydnellum caerulescens)* hat abwechselnd blau und orange zoniertes Fleisch.

ESSBARER DOPPELGÄNGER

Ein angenehm weiches Fleisch, das hell und ohne Zonierung ist, unterscheidet den essbaren **Semmel-Stoppelpilz** (164 A) vom
168 B Orangen Korkstacheling.

Klebriger Hörnling
Calocera viscosa

Juni – November
an Nadelholz
Fruchtkörper bis 3 cm

FRUCHTKÖRPER 3–7 cm hoch, mit gabelig verzweigten Ästen, die in einzelne oder zwei- bis dreifach gegabelte Spitzen auslaufen, dotter- bis lebhaft orangegelb, feucht klebrig-schmierig, mit einem bis 15 cm langen, blassen, zähen Strang im Holz wurzelnd. **SPORENPULVER** hell ockergelb. **FLEISCH** zäh, gummiartig biegsam, bei Trockenheit hornartig hart und dunkelorange, bei feuchter Witterung wieder aufquellend; Geruch und Geschmack unbedeutend. **VORKOMMEN** auf teilweise vermoderten Stümpfen, Wurzeln und am Boden liegendem Nadelholz. **WERT** zäh und kaum verdaulich, ruft daher oft Magenbeschwerden hervor. **VERWECHSLUNGEN** Kann mit anderen gleichfarbenen Hörnlingen und jungen Korallenpilzen verwechselt werden.

ESSBARE DOPPELGÄNGER

Der Klebrige Hörnling wird sehr oft als Korallenpilz angesehen und mit der **Goldgelben Koralle** (160 A) und anderen gelb bis orange gefärbten Korallen verwechselt. Am besten auf
170 B Korallenpilze und Hörnlinge verzichten!

Kiefern-Braunporling
Phaeolus schweinizii (Phaeolus spadiceus)

Juli – November
Nadel- und Mischwald
Hut 20–40 cm

HUT jung knollig, dann flach bis schwach vertieft, meist uneben mit mehreren Hutauswüchsen, kreiselförmig, jung weich, saftig, Rand leuchtend goldgelb, bei Berührung dunkelbraun fleckend, alt schwarzbraun und hart. **RÖHREN** bis 1 cm lang, Poren grünlichgelb, schillernd, auf Druck bräunend, labyrinthisch, alt düster rotbraun. **SPORENPULVER** gelblich. **STIEL** bis 5 cm lang, bis 3 cm breit, braun, nicht klar vom Hut abgesetzt. **FLEISCH** braun, weich und saftig wenn jung, dann faserig, alt hart; Geschmack und Geruch säuerlich. **VORKOMMEN** auf den Hauptwurzeln von Nadelbäumen, vor allem Kiefer und Lärche. **WERT** ungenießbar, als Färbepilz geeignet. **VERWECHSLUNGEN** Der Riesenporling *(Meripilus giganteus)* hat jung einen ähnlich knolligen Wuchs, jedoch hellbraune Hüte und winzige runde Poren.

ESSBARER DOPPELGÄNGER

In jungem Zustand könnte der Kiefern-Braunporling aufgrund seiner gelben Farbanteile und der saftigen Konsistenz mit dem **Schwefelporling** (170 A) verwechselt werden.

Zimtfarbener Weichporling
Hapalopilus rutilans (Hapalopilus nidulans)

ganzjährig
an Laub- und Nadelholz
Fruchtkörper 3–8(–12) cm

FRUCHTKÖRPER 2–8 cm vom Substrat abstehend, bis 4 cm dick, halbkreis- bis nierenförmig, einzeln oder reihig wachsend, leicht gewölbt, ungezont, matt, grubig, zimtbraun, trocken lehmfarben. **RÖHREN** 0,4–1 cm lang; Poren 0,2–0,4 cm, rundlich bis eckig, zimtbraun. **SPORENPULVER** gelblich. **FLEISCH** relativ dick, weich, faserig, zimtbraun; Geruch pilzartig; Geschmack mild (nicht probieren!). **VORKOMMEN** ganzjährig an toten Ästen und Stämmen von zahlreichen Laub-, seltener auch Nadelhölzern. **WERT** Der Zimtfarbene Weichporling verursacht tödliche Nierenschädigungen. **VERWECHSLUNGEN** Im Gegensatz zu ähnlichen Porlingen zeigt der Zimtfarbene Weichporling eine violette Farbreaktion beim Betupfen mit Laugen (siehe Fleck im Bild rechts).

ESSBARE DOPPELGÄNGER

Sowohl der **Schwefel-Porling** (170 A) als auch die **Ochsenzunge** (168 A) sind schon mit dem Zimtfarbenen Weichporling verwechselt worden, obwohl die Farben doch recht unterschiedlich sind.

Gezonter Ohrlappenpilz
Auricularia mesenterica

ganzjährig
an Laubbäumen
Fruchtkörper 5–10 cm

FRUCHTKÖRPER bis 5 cm vom Substrat abstehend, 0,2–0,4 cm dick, oft dachziegelartig angeordnet und ausgedehnte Beläge bildend, schüssel- bis muschelförmig, Oberseite striegelig bis filzig, hellgrau und graubraun gezont, besonders zur Anwachsstelle hin oft von Algen grün gefärbt, Unterseite dunkelpurpurbraun, unregelmäßig aderig bis faltig, Rand wellig gelappt. **SPORENPULVER** weiß. **FLEISCH** dünn, gallertig bis weich, etwas lederig, trocken hart und schrumpfend; Geruch und Geschmack unbedeutend. **VORKOMMEN** an verschiedenen Laubbäumen in Flussniederungen, Parkanlagen, Schlucht- und Auenwäldern. **WERT** sehr zäh und nicht als Speisepilz zu verwenden. **VERWECHSLUNGEN** Der Pilz kann mit ähnlich gefärbten gallertigen Drüslingen, wie dem Kandisbraunen Drüsling *(Exidia saccharina)* verwechselt werden.

ESSBARER DOPPELGÄNGER

In Konsistenz und Fruchtschicht sehr ähnlich ist das **Judasohr** (176 A), das aber deutlich ohrförmige, ungezonte Fruchtkörper bildet.

176 B

Dickschaliger Kartoffelbovist
Scleroderma citrinum

Juli – November
Laub- und Nadelwald
Fruchtkörper 4–8(–15) cm

FRUCHTKÖRPER rundlich-abgeplattet, außen gelblich bis ockerfarben, derb, ziemlich hart, ledrig, grobschuppig gefeldert, reif am Scheitel unregelmäßig einreißend. **SPORENPULVER** schwärzlich. **FRUCHTMASSE** ganz jung grauweiß, bald lilagrau, später violettschwarz, weißlich geadert, im Alter olivbraun, pulvrig, bei Nässe breiartig zerfallend; Geruch widerlich, leuchtgasartig. **VORKOMMEN** auf trockenen und nassen, sauren, nährstoffarmen, sandigen oder torfigen Böden. **WERT** Der Dickschalige Kartoffel-Hartbovist verursacht schwere Verdauungsstörungen. **VERWECHSLUNGEN** Manchmal werden Kartoffelboviste für Trüffeln gehalten, weil sie ähnlich fest sind wie die **Mäandertrüffel** (182 A) und innen dunkel marmoriert wie die **Sommer-Trüffel** (184 A).

ESSBARER DOPPELGÄNGER

Sehr junge, innen noch weiße Kartoffelboviste können mit essbaren **Stäublingen** (172 A) verwechselt werden, die jedoch viel weicher sind.

Bunte Schleimtrüffel
Melanogaster broomeianus

Mai – November
Laubwälder, Parks
Fruchtkörper 2–5 cm

FRUCHTKÖRPER unregelmäßig kugelig oder knollig, ocker- bis nussbraun, älter mehr rotbraun werdend, glatt, an der Unterseite mit Wurzelsträngen, unterirdisch wachsend, bei Reife etwas aus dem Boden hervortretend. **FRUCHTMASSE** anfangs gelblich, etwas gekammert wirkend, dann zunehmend schwärzlich und mit heller Aderung durchzogen (ähnlich den Fettadern eines Filetsteaks), sich bei Reife nach und nach zu einer schleimigen schwarzen Masse auflösend. **VORKOMMEN** in Laubwäldern, Parks und Gärten, vorzugsweise unter Buche, Hainbuche oder Linde, meist auf basenreichen Böden. **VERWECHSLUNGEN** Es gibt etwa 450 unterirdisch wachsende knollenartige Pilzarten, von denen aber nur die wenigen Echten Trüffeln als essbar gelten. Ihre Bestimmung setzt oft eine mikroskopische Untersuchung voraus.

ESSBARE DOPPELGÄNGER

Die teuren Echten Trüffeln, wie zum Beispiel die **Sommer-Trüffel** (184 A), sind auf der Außenseite mit schwarzen Pyramiden
180 B besetzt und sie verschleimen nicht.

Gift-Lorchel, Frühjahrs-Lorchel
Gyromitra esculenta

März – Mai
Kiefernwald
Fruchtkörper 5–9(–15) cm

FRUCHTKÖRPER 5–15 cm hoch, rundlich, sehr unregelmäßig hirnartig gewunden, gelb-, rot-, bis schwarzbraun. **SPORENPULVER** weiß. **STIEL** kurz, grauweißlich bis gelblich, grubig, stark gefurcht, feinkleiig, hohl, gekammert; Hut und Stiel sind unregelmäßig verwachsen. **FLEISCH** brüchig; Geruch und Geschmack angenehm. **VORKOMMEN** einzeln bis gesellig in sandigen Kiefernwäldern, auf Holzlagerplätzen, Kahlschlägen, auf Rindenmulch, an Stümpfen. **WERT** Die Gift-Lorchel ist tödlich giftig. Sie enthält das Lebergift Gyromitrin, das beim Kochen nicht zerstört wird, jedoch hitzeflüchtig ist. **VERWECHSLUNGEN** Die nahe verwandte, vermutlich ebenso giftige Riesen-Lorchel *(Gyromitra gigas)* erscheint ebenfalls im Frühjahr an morschem Holz.

ESSBARE DOPPELGÄNGER

Zur gleichen Zeit wachsen die essbaren **Speise-** (178 A) und **Spitz-Morcheln** *(Morchella conica)*, die aber einen wabenförmigen Hut haben. Ihre Fruchtkörper sind deutlich in Hut und Stiel gegliedert und innen hohl.

Kronen-Becherling
Sacrosphaera coronaria

Mai – Juli
Laub- und Nadelwald
Fruchtkörper 5–15 cm

FRUCHTKÖRPER 6–10 cm hoch, anfangs als geschlossene Kugel eingesenkt, dann sternförmig aufreißend und aus dem Boden herausragend, die Lappen biegen sich dabei nach außen, Innenseite jung blass, später violett, selten weiß, Außenseite schmutzig weiß. **SPORENPULVER** weiß. **STIEL** fehlend oder kaum ausgebildet. **FLEISCH** dick, brüchig, weiß; geruchlos; Geschmack mild. **VORKOMMEN** einzeln oder gesellig, oft in Nestern zusammen, auch in Parkanlagen, auf Heiden, auf Kalk- und Mergelböden. **WERT** Der Kronen-Becherling verursacht zumindest roh heftige Magen- und Darm-Störungen. **VERWECHSLUNGEN** Der Blasige Becherling *(Peziza vesiculosa)* und der Buchenwald-Becherling *(Peziza arvernensis)* öffnen sich nicht sternförmig und sind braun ohne Violetttöne.

ESSBARER DOPPELGÄNGER

184 B Der **Morchel-Becherling** (180 A) riecht stark nach Chlor, ist innen braun statt violett und bildet auch keine sternförmig aufreißenden Fruchtkörper.

Register

A

Agaricus bitorquis 104 A
– *campestris* 102 A
– *sylvicola* 100 A
– *xanthodermus* 92 B
Amanita caesarea 88 A
– *ceciliae* 94 A
– *citrina* 86 B
– *crocea* 98 A
– *excelsa* 92 A
– *gemmata* 88 B
– *inaurata* 94 A
– *mappa* 86 B
– *muscaria* 82 B
– *pantherina* 80 B
– *phalloides* 76 A
– *porphyria* 90 B
– *regalis* 84 B
– *rubescens* 90 A
– *spissa* 92 A
– *vaginata* 96 A
– *virosa* 78 B
Armillaria ostoyae 56 A
Auricularia auricula-judae 176 A
– *mesenterica* 176 B
Austernpilz 78 A

B

Bambustrichterling, Parfümierter 34 B
Birkenpilz 24 A
Boletus aestivalis 14 A
– *edulis* 12 A
– *reticulatus* 14 A
Bovist, Riesen- 174 A
Brätling 148 A
Braunporling, Kiefern- 172 B
Brotpilz 118 A
Butterpilz 30 A
Butyriboletus appendiculatus 16 A

C

Caloboletus calopus 14 B
– *radicans* 16 B
Calocera viscosa 170 B
Calocybe gambosa 58 A
Camarophyllus virgineus 38 A
Cantharellus cibarius 150 A
Champignon, Stadt- 104 A
–, Wiesen- 102 A
Chlorophyllum olivieri 106 A
– *venenatum* 94 B
Choiromyces meandriformis 182 A
Chroogomphus rutilus 32 A
Clavulina coralloides 158 A
Clitocybe cerrusata 24 B
– *dealbata* 26 B
– *fragrans* 30 B
– *nebularis* 32 B
– *odora* 48 A
– *phyllophila* 24 B
Clitocybula platyphylla 56 B
Clitopilus prunulus 82 A
Collybia hariolorum 52 B
Coprinopsis atramentaria 106 B
Coprinus comatus 110 A
Cortinarius camphoratus 116 B
– *caperatus* 120 A
– *elegantior* 112 A
– *evernius* 120 B
– *flexipes* 118 B
– *meinhardii* 114 B
– *mucosus* 118 A
– *orellanus* 110 B
– *praestans* 116 A
– *rubellus* 108 B
– *semisanguineus* 112 B
– *speciosissimus* 108 B
– *splendens* 114 B
– *varius* 114 A
Craterellus aurora 152 A
– *cornucopioides* 154 A
– *lutescens* 152 A
– *xanthopus* 152 A
Cuphophyllus niveus 38 A

D

Dachpilz, Grauer 74 B
–, Hirschbrauner 84 A
–, Rehbrauner 84 A
Dickfuß, Bocks- 116 B
Disciotis venosa 180 A

E
Echinoderma asperum 98 B
Egerling, Dünnfleischiger Anis- 100 A
–, Karbol- 92 B
–, Stadt- 104 A
–, Wiesen- 102 A
Egerlingsschirmling, Büscheliger 96 B
Eierschwamm 150 A
Ellerling, Schneeweißer 38 A
Entoloma clypeatum 80 A
– *lividum* 72 B
– *sinuatum* 72 B
– *vernum* 70 B

F
Fälbling, Großer Rettich- 122 B
–, Tonblasser 124 B
Fistulina hepatica 168 A
Flämmling, Geflecktblättiger 130 B
Flammulina velutipes 68 A
Flatschmorchel 180 A
Fliegenpilz 82 B
–, Brauner 84 B
–, Königs- 84 B
–, Roter 82 B

G
Galerina marginata 132 B
Gelbfuß, Großer 34 A
–, Kupferroter 32 A
Glöckling, Frühlings- 70 B
Glucke, Krause 162 A
Gomphidius glutinosus 34 A
– *rutilus* 32 A
Gomphus clavatus 156 A
Grünling 40 B
Grünsporschirmling, Gift- 94 B
–, Safran- 106 A
Gürtelfuß, Geranien- 118 B
–, Rettich- 120 B
Gymnopilus penetrans 130 B
Gymnopus hariolorum 52 B
– *peronatus* 54 B
Gyromitra esculenta 182 B

H
Habichtspilz 166 A
Hallimasch, Dunkler 56 A
Hapalopilus nidulans 174 B
– *rutilans* 174 B
Häubling, Gift- 132 B
–, Nadelholz- 132 B
Hautkopf, Blutblättriger 112 B
Hebeloma crustuliniforme 124 B
– *sinapizans* 122 B
Helmling, Fichtenzapfen- 60 B
–, Gemeiner Rettich- 62 B
Herrenpilz 12 A
Hörnling, Klebriger 170 B
Hydnellum aurantiacum 168 B
Hydnum repandum 164 A
Hygrocybe conica 22 B
– *nigrescens* 22 B
– *punicea* 36 A
Hygrophoropsis aurantiaca 36 B
Hygrophorus hypothejus 42 A
– *olivaceoalbus* 40 A
Hypholoma capnoides 126 A
– *fasciculare* 138 B
– *lateritium* 140 B
– *sublateritium* 140 B

I
Imleria badia 22 A
Infundibulicybe gibba 44 A
– *geotropa* 46 A
Inocybe erubescens 126 B
– *patouillardii* 126 B

J
Judasohr 176 A

K
Kahlkopf, Blauender 142 B
Kaiserling 88 A
Kammkoralle, Gemeine 158 A
Kartoffelbovist, Dickschaliger 178 B
Klumpfuß, Dottergelber 114 B
–, Leuchtendgelber 114 B
–, Messing- 112 A
–, Strohgelber 112 A
Knäueling, Buchen- 68 B
Knollenblätterpilz, Gelber 86 B

–, Grüner 76 B
–, Kegelhütiger 78 B
Koralle, Bauchweh- 164 B
–, Blasse 164 B
–, Dreifarbige 162 B
–, Goldgelbe 160 A
Korkstacheling, Oranger 168 B
Kraterelle, Gelbe 152 A
Krempling, Kahler 20 B
Kronen-Becherling 184 B
Kuehneromyces mutabilis 122 A
Kuhmaul 34 A

L

Laccaria amethystina 54 A
Lacktrichterling, Violetter 54 A
Lactarius deliciosus 144 A
– *deterrimus* 146 A
– *lignyotus* 142 A
– *picinus* 158 B
– *rufus* 160 B
– *scrobiculatus* 156 B
– *torminosus* 154 B
Lactifluus volemus 148 A
Laetiporus sulphureus 170 A
Langermannia gigantea 174 A
Leberreischling 168 A
Leccinum aurantiacum 26 A
– *scabrum* 24 A
Lentinus torulosus 68 B
Lepiota aspera 98 B
– *cristata* 100 B
– *elaiophylla* 104 B
– *subincarnata* 102 B
Lepista gilva 50 A
– *nebularis* 32 B
– *nuda* 52 A
Leratiomyces squamosus 136 B
Leucoagaricus americanus 96 B
Leucocoprinus americanus 96 B
Leucocybe connata 28 B
Lorchel, Frühjahrs- 182 B
–, Gift- 182 B
Lycoperdon perlatum 172 A
Lyophyllum decastes 60 A

M

Mäandertrüffel 182 A
Macrolepiota procera 108 A
Maipilz 58 A
Marasmius oreades 72 A
Megacollybia platyphylla 56 B
Mehlpilz 82 A
Melanogaster broomeianus 180 B
Milchling, Grubiger Fichten- 156 B
–, Mohrenkopf- 142 A
–, Pechschwarzer 158 B
–, Rotbrauner 160 B
–, Zottiger Birken- 154 B
Mönchskopf 46 A
Morchel, Rund- 178 A
–, Speise- 178 A
Morchelbecherling 180 A
Morchella esculenta 178 A
– *vulgaris* 178 A
Mousseron 70 A
Mürbling, Wässriger 124 A
Muschelseitling, Gelbstieliger 66 B
Mycena plumipes 60 B
– *pura* 62 B
Mycetinis alliaceus 58 B
– *scorodonius* 70 A

N

Nagelschwamm, Fichtenzapfen- 74 A
Nebelkappe 32 B
Neoboletus erythropus 18 A

O

Ochsenzunge 168 A
Ohrlappenpilz, Gezonter 176 B
Ölbaumpilz, Leuchtender 38 B
Omphalotus olearius 38 B

P

Panellus serotinus 66 B
Pantherpilz 80 B
Panus conchatus 68 B
Paralepista flaccida 50 A
Paralepistopsis amoenolens 34 B
Parasol 108 A
Paxillus involutus 20 B
Perlpilz 90 A
Pfifferling 150 A

–, Falscher 36 B
–, Starkriechender 152 A
Phaeolus schweinizii 172 B
– *spadiceus* 172 B
Pholiota mutabilis 122 A
– *squarrosa* 134 B
Pleurocybella porrigens 64 B
Pleurotus ostreatus 78 A
– *pulmonarius* 76 A
Pluteus cervinus 84 A
– *salicinus* 74 B
Pseudosperma rimosum 128 B
Psathyrella piluliformis 124 A
Psilocybe cyanescens 142 B

R

Ramaria aurea 160 A
– *formosa* 162 B
– *mairei* 164 B
– *pallida* 164 B
Rasling, Brauner Büschel- 60 A
–, Weißer 28 B
Räsling, Mehl- 82 A
Raufuß, Eichen- 26 A
Raukopf, Orangefuchsiger 110 B
–, Spitzgebuckelter 108 B
Reifpilz 120 A
Reizker, Echter 144 A
–, Edel- 144 A
–, Fichten- 146 A
Rhodocollybia butyracea var. asema 66 A
Riesenschirmpilz 108 A
Risspilz, Kegeliger 128 B
–, Mai- 126 B
–, Ziegelroter 126 B
Ritterling, Brandiger 46 B
–, Gemeiner Erd- 62 A
–, Mai- 58 A
–, Schärflicher Erd- 50 B
–, Schwarzfaseriger 64 A
–, Schwefel- 44 B
–, Seifen- 42 B
–, Tiger- 48 B
Röhrling, Anhängsel- 16 A
–, Birken- 24 A
–, Flockenstieliger Hexen- 18 A
–, Gallen- 12 B
–, Maronen- 22 A
–, Netzstieliger Hexen- 20 A
–, Rotfuß- 28 A
–, Satans- 18 B
–, Schönfuß- 14 B
–, Wurzelnder Bitter- 16 B
Rötelritterling, Violetter 52 A
Röteltrichterling, Fuchsiger 50 A
Rotkappe, Eichen- 26 A
Rötling, Frühlings- 70 B
–, Riesen- 72 B
–, Schild- 80 A
Rubroboletus satanas 18 B
Rübling, Breitblättriger 56 B
–, Brennender 54 B
–, Horngrauer 66 A
–, Samtfuß- 68 A
–, Striegeliger 52 B
Russula badia 148 B
– *cyanoxantha* 128 A
– *emetica* var. *emetica* 144 B
– *fellea* 152 B
– *foetens* 150 B
– *mustelina* 134 A
– *ochroleuca* 132 A
– *paludosa* 138 A
– *queletii* 146 B
– *vesca* 136 A
– *virescens* 130 A
– *xerampelina* 140 A

S

Sacrosphaera coronaria 184 B
Saftling, Granatroter 36 A
–, Größter 36 A
–, Schwärzender 22 B
Sarcodon imbricatus 166 A
– *scabrosus* 166 B
Sarcomyxa serotina 66 B
Satanspilz 18 B
Scheidenstreifling, Grauer 96 A
–, Orangegelber 98 A
–, Riesen- 94 A
Scheidling, Großer 86 A
Schirmling, Fleischrosa 102 B
–, Olivblättriger 104 B
–, Stink- 100 B
Schleiereule 116 A
Schleimfuß, Heide- 118 A

Schleimkopf,
Blaugestiefelter 116 A
–, Semmelgelber 114 A
Schleimtrüffel, Bunte 180 B
Schneckling, Frost- 42 A
–, Natternstieliger 40 A
Schneepilz 64 A
Schüppling, Sparriger 134 B
Schusterpilz 18 A
Schwefelkopf,
Grünblättriger 138 B
–, Rauchblättriger 126 A
–, Ziegelroter 140 B
Schwefelporling 170 A
Schweinsohr 156 A
Schwindling,
Echter Knoblauch- 70 A
–, Langstieliger Knoblauch- 58 B
–, Nelken- 72 A
Scleroderma citrinum 178 B
Seitling, Austern- 78 A
–, Lungen- 76 A
Sparassis crispa 162 A
Spargelpilz 110 A
Stacheling, Gallen- 166 B
Stachelschirmling,
Spitzschuppiger 98 B
Stäubling, Flaschen- 172 A
Steinpilz, Fichten- 12 A
–, Sommer- 14 A
Stockschwämmchen 122 A
Stoppelpilz, Semmel- 164 A
Strobilurus esculentus 74 A
Suillellus luridus 20 A
Suillus luteus 30 A

T

Täubling, Apfel- 138 A
–, Frauen- 128 A
–, Gallen- 152 B
–, Gemeiner Stink- 150 B
–, Grüngefelderter 130 A
–, Kirschroter Spei- 144 B
–, Ocker- 132 A
–, Roter Herings- 140 A
–, Speise- 136 A
–, Stachelbeer- 146 B
–, Wiesel- 134 A
–, Zedernholz- 148 B
Tintling, Grauer Falten- 106 B
–, Schopf- 110 A
Träuschling, Schuppiger 136 B
Tricholoma equestre 40 B
– *frondosae* 40 B
– *pardalotum* 48 B
– *pardinum* 48 B
– *portentosum* 64 A
– *saponaceum* 42 B
– *sciodes* 50 B
– *sulphureum* 44 B
– *terreum* 62 A
– *ustale* 46 B
Trichterling, Anis- 48 A
–, Bleiweißer 24 B
–, Feld- 26 B
–, Langstieliger Duft- 30 B
–, Laubfreund- 24 B
–, Nebelgrauer 32 B
–, Ockergelber 44 A
–, Ölbaum- 38 B
Trompete, Herbst- 154 A
–, Toten- 154 A
Trüffel, Sommer- 184 A
Tuber aestivum 184 A
Tylopilus felleus 12 B

V

Volvariella gloiocephala 86 A
– *speciosa* 86 A
Weichporling,
Zimtfarbener 174 B
Weißseitling, Ohrförmiger 64 B
Weißtrüffel, Deutsche 182 A
Wulstling, Gedrungener 92 A
–, Gelber 86 B
–, Grauer 92 A
–, Narzissengelber 88 B
–, Porphyrbrauner 90 B
–, Rötender 90 A

X

Xerocomellus chrysenteron 28 A

Z

Ziegenbart, Echter 160 A
Zigeuner 120 A